高等学校计算机专业规划教

U0667565

ASP.NET
网站开发教程

解春燕　编著

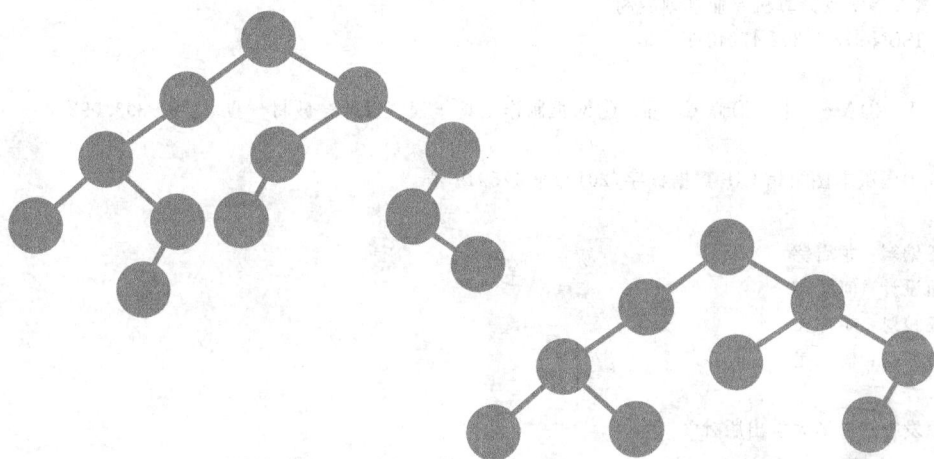

清华大学出版社
北　京

内 容 简 介

本书采用层层递进的方法,以 Visual Studio 2013 为开发平台,以技术应用能力培养为主线,全面介绍 ASP.NET 的所有基本功能,主要包括 ASP.NET 基础、C♯语言基础、Web 服务器控件、ASP.NET 内置对象、AJAX 技术、服务器验证控件、数据库技术、主题和母版,并且以文章博客系统为综合实例,为读者提供了 ASP.NET 网站开发的学习模板,最后简单介绍项目开发常用的三层架构和 MVC,为进一步的能力扩展提供了发展思路。

本书概念清晰,逻辑性强,内容由浅入深、循序渐进,通过大量示例来帮助读者熟悉和掌握 ASP.NET 的重要特性,并且通过每章后面的习题进一步帮助读者巩固所学知识。书中的示例来自作者多年的教学积累和项目开发经验,实用性强。本书不仅可作为高等院校计算机相关专业的 Web 程序设计、网络程序设计、Web 数据库应用等课程的教材,也可作为 Web 应用程序开发自学用书。

图书在版编目(CIP)数据

ASP.NET 网站开发教程/解春燕编著. —北京:清华大学出版社,2017(2022.1重印)
(高等学校计算机专业规划教材)
ISBN 978-7-302-47248-3

Ⅰ. ①A… Ⅱ. ①解… Ⅲ. ①网页制作工具-程序设计-教材 Ⅳ. ①TP393.092.2

中国版本图书馆 CIP 数据核字(2017)第 125949 号

责任编辑:龙启铭
封面设计:何凤霞
责任校对:胡伟民
责任印制:杨 艳

出版发行:清华大学出版社
  网 址:http://www.tup.com.cn,http://www.wqbook.com
  地 址:北京清华大学学研大厦 A 座   邮 编:100084
  社 总 机:010-62770175   邮 购:010-83470235
  投稿与读者服务:010-62776969,c-service@tup.tsinghua.edu.cn
  质量反馈:010-62772015,zhiliang@tup.tsinghua.edu.cn
  课件下载:http://www.tup.com.cn,010-83470236
印 装 者:北京九州迅驰传媒文化有限公司
经 销:全国新华书店
开 本:185mm×260mm 印 张:13 字 数:318 千字
版 次:2017 年 8 月第 1 版   印 次:2022 年 1 月第 3 次印刷
定 价:39.00 元

产品编号:068217-01

前言

1. 编写背景

目前网络应用已普及到每个人的身边，微博、博客、播客、个人主页、公司主页等不同形式的信息传递方式铺天盖地而来。每个人都想在网络中有自己特色的内容，但一些商业网站提供的模板单一死板，不能满足人们的需要，通过自己学习一些 Web 技术，就可以开发出具有个性的页面。

ASP. NET 不仅是微软公司最重要的战略性产品之一，而且还是 Web 开发领域最具创新性、最成功的技术之一。它可完全利用 .NET 架构的强大、高效、安全的平台特性。ASP. NET 以功能丰富、性能卓越、高效稳定和开发便利而著称，ASP. NET 技术是目前开发 Web 应用程序的最流行和最前沿的技术，也是公司网络开发使用最多和应用人群最广的技术。

2. 本书内容

本书采用层层递进的方法，以 Visual Studio 2013 为开发平台，以技术应用能力培养为主线，全面介绍 ASP. NET 的所有基本功能，主要包括 ASP. NET 基础、C♯ 语言基础、Web 服务器控件、ASP. NET 内置对象、AJAX 技术、服务器验证控件、数据库技术、主题和母版，并且以文章博客系统为综合实例，为读者提供了 ASP. NET 网站开发的学习模板，最后简单介绍项目开发常用的三层架构和 MVC，为进一步的能力扩展提供了发展思路。

本书概念清晰，逻辑性强，内容由浅入深、循序渐进，通过大量示例来熟悉和掌握 ASP. NET 的重要特性，并且通过每章后面的习题进一步巩固所学知识。书中的示例来自作者多年的教学积累和项目开发经验，实用性强。本书不仅可作为高等院校计算机相关专业的 Web 程序设计、网络程序设计、Web 数据库应用等课程的教材，也可作为 Web 应用程序开发自学用书。

本书共分 10 章，各章内容如下。

第 1 章：主要介绍 ASP. NET 基础和 C♯ 语言基础。

第 2 章：主要介绍 C♯ 语言基础。

第 3 章：主要介绍 Web 服务器控件。

第 4 章：主要介绍 ASP. NET 内置对象。

第 5 章：主要介绍 AJAX 技术。

第 6 章：主要介绍服务器验证控件。

第 7 章：主要介绍数据库访问技术。

第 8 章：主要介绍主题和模板。

第 9 章：主要介绍文章博客系统项目的开发。

第 10 章：主要介绍当前项目开发流行的技术架构。

3. 本书特点

（1）读者适用面广。本书较全面的涉及了 ASP. NET 的基础知识点，适合所有的 ASP. NET 学习者，如高校大学生、求职人员、培训结构学员等。

（2）实例丰富。通过丰富的实例辅助讲解知识点，附有相应的注释、实例说明，便于快速学习。

（3）实战性强。本书的实例都有配套的源代码，读者可以直接调用、研读和学习。

（4）合理的章节顺序。对于初学者，最怕前面的知识点用到后面的知识点。本书注重章节顺序的合理安排，使读者尽量做到循序渐进，层层递进的学习。

本书主要由解春燕编写，参与编写的人员有张军鹏、吕晓晴、杨芳、郭宏刚、黄文艳、梁伟、刘晨光和苗文曼（排名不分先后）。

本书中实例程序的全部源程序代码，是读者学习过程中的好助手，可以从出版社网站下载，网址是 http://www.tup.com.cn。

在此特别感谢为本书付出辛勤劳动的各位同事、朋友。由于时间仓促和编者水平有限，书中难免有不妥或错误之处，恳请同行专家批评指正。联系 E-mail：xxiexiex@163.com。

编　者

目录

第 1 章

ASP.NET 基础

1.1 NET 发展历史

.NET 技术是微软公司推出的主要技术,是 Microsoft XML Web Services 平台。在.NET 发展的 16 年时间中,微软为推出.NET 技术可谓是不遗余力,.NET 技术的发展关键历程如下所示。

- 2000 年 6 月,微软公司总裁比尔·盖茨在"论坛 2000"的会议上向业内公布.NET 平台并描绘了.NET 的远景。
- 2002 年 1 月,微软发布.NET Framework 1.0 版本,推出了进行.NET Framework 1.0 应用程序的开发软件 Visual Studio 2002,这可以认为是.NET 技术的第一个版本,但是由于系统维护和系统学习的原因,.NET 技术当时并没有广泛地被开发人员和企业所接受。
- 2004 年 6 月,微软公司在 TechEd Europe 会议上发布.NET Framework 2.0 Beta 版本,以及 Visual Studio 2005 的 Beta 版本,从此之后,越来越多的开发人员和企业已经能够接受.NET 技术带来的革新。
- 2007 年 11 月,微软公司发布.NET Framework 3.5 版本,在其中加入了更多的关键新特性,包括 LINQ、AJAX 等,为下一代软件开发做准备。
- 发展到 2016 年,.NET Framework 版本已发展到 4.6 版本,对应发布了 Visual Studio 2015 版本。

随着计算机技术的发展,越来越高的要求和越来越多的需求让开发人员不断地进行新技术的学习,这里包括云计算和云存储等新概念。.NET 平台同样为最新的概念和软件开发理念做准备。作为全球使用率最高的 Windows 操作系统内核,也是基于微软公司自己研发的 C♯语言而开发的。

1.2 什么是 ASP.NET

ASP.NET 是微软公司推出的 Web 开发技术,顾名思义,是基于.NET 平台而存在的。在了解 ASP.NET 之前就需要先了解.NET 技术,只有了解.NET 平台的相关技术才能够深入地了解 ASP.NET 是如何运作的。

1.2.1 当前流行开发技术

如果想成为程序员或者已经是个程序员,可能会面对这些困惑:

- 学什么语言呢？Delphi、C++、VB、Java、C♯、PHP 还是 Python？
- 选择什么开发工具呢？Delphi、VC、C++ Builder、JBuilder、Ecllipse 还是 Visual Studio？
- 选择哪种技术作为就业的主流技术呢？选择的方向是否正确？

针对网站开发而言，当前比较流行的技术主要有三个分支。

1. PHP

PHP 产生于 1994 年，其语法混合了 C、Perl 及其自创的一些编程语法；PHP 是嵌入在 HTML 中执行的；它也是一种解释性语言。早期的 PHP 并不是完全的面向对象编程语言，到了 PHP4 以后的版本才开始有了面向对象的概念。

一般人在称呼 PHP 的时候，本身并没有平台和语言的区别。用 PHP 往往只做 Web 应用开发，至于桌面应用程序的开发，近年好像 PHP 出了这种开发平台，但现实应用中几乎看不到。PHP 在 Web 的表现层应用中，不论从处理界面布局，或是性能上都有着不错的优势。

2. Java

Java 产生于 1995 年，语法与 C 语言和 C++ 语言很接近，并且 Java 是面向对象编程语言，Java 是编译性语言，可以先将 Java 源码编译成 .class 文件后，在 Java 虚拟机上解释执行。

称呼 Java 的时候，往往说的并不一定是语言本身，而是指 Java 平台。在 Java 平台中，可以使用 Java 语言去开发各种不同的应用开发，比如 Java SE、Java EE 和 Java ME，分别用于开发 Java 桌面应用、Web 应用、移动应用等。

3. .NET

在 .NET 中，支持多种编程语言开发，如 VB、C♯、F♯ 等，通常使用 C♯ 编程，C♯ 是为 .NET 平台专门打造的 种编程语言，产生于 2000 年。其语言语法和 Java、C、C++ 相近，同样也是一种面向对象的编程语言。

在 .NET 这个体系中，语言和平台是有明显区别的，而且一个平台上可以应用多种语言开发，这样就使得掌握不同语言的程序员可以开发同一个应用程序。在 .NET 平台中，也像 Java 一样，可以开发不同的应用，比如：WinForm（桌面应用）、控制台应用、ASP.NET（Web 应用）、WPF（新的桌面应用）、WCF（网络通信基础应用）、Web 服务（面向服务编程应用）、ASP.NET MVC3.0（新的 Web 应用）、XNA（桌面及手机游戏应用）等等。

总结：以上三种技术平台都可以进行常用的 Web 应用开发。对于桌面应用来说，PHP 并不太适用，Java 则没有较好的桌面应用开发工具，这方面 .NET 平台有较好的优势，不论是 WinForm 还是 WPF，都非常适合开发桌面应用程序。至于实现一些底层的复杂业务，PHP 则不如 Java 和 .NET，但是在开发前端表现层时有着较好的优势。所以很多复杂的大型综合应用，可能会用 .NET 或者 Java 开发数据访问层及业务逻辑层，PHP 则用来开发表现层。据说淘宝就是基于这种方式开发的。同时，Java 与 .NET 都是可以跨平台的，且 .NET 还能跨语言。

1.2.2 深入理解.NET

.NET 开发人员必须搞清楚语言和环境的区别,初学者往往会搞不懂,从而给学习增加难度。这里从以下几点进行说明:

(1) Visual Studio 2013 是需要在计算机中安装的软件。开发人员能够在 Visual Studio 开发环境中拖动相应的控件到页面中以实现复杂的应用程序编写。Visual Studio 提供了虚拟的服务器环境,用户可以像编写 C/C++ 应用程序一样,在开发环境中进行应用程序的编译和运行。2013 表示版本,目前,最高版本为 2015。

(2) C# 是一种编程语言。该语言是微软公司为.NET 平台专门打造的一种编程语言,其语言语法和 Java、C、C++ 相近,是一种面向对象的编程语言。

(3).NET 严格意义上是一种运行环境。在 Visual Studio 中用户可以开发多种不同类型的项目,譬如 WinForm 窗体程序,控制台程序等,.NET 特指网站程序,需要浏览器的支持。所有这些项目程序可以用多种语言开发,但建议使用 C# 语言。

(4).NET Framework 是一个框架,包括 CLR(公共语言运行时)和.NET 基本类库,是程序运行的基本支撑。即要想在某台计算机上运行.NET 编写的程序,必须事先安装.NET Framework,否则就不能运行。一般在安装了 Visual Studio 之后,会自动安装.NET Framework 相应版本,Visual Studio 2013 版本对应.NET Framework 4.5 版本,Visual Studio 2015 版本对应.NET Framework 4.6 版本,高版本兼容低版本,当然也可以单独下载.NET Framework 进行安装。

一句话概括,本书主要讲解的内容是利用 C# 语言在 Visual Studio 2013 软件中开发.NET 程序项目,该项目默认使用.NET Framework 4.5 版本运行。

1.3 Visual Studio 2013 环境

.NET 框架有一个与之对应的高度集成的开发环境,微软公司称之为 Visual Studio,也就是可视化工作室。本书采用的是当前较为流行的 Visual Studio 2013,对应.NET Framework 4.5 版本。使用该工具可以很方便地进行各种项目的创建、程序设计、程序调试和跟踪以及项目发布等。

1.3.1 创建项目类型

在 Visual Studio 2013 开发环境中,根据工程实际需要可以选择创建不同类型的项目,在这里简单介绍几种常见的项目类型。

- 控制台应用程序:用于创建命令行应用程序的项目,有些类似 C 语言的开发。
- Windows 窗体应用程序:用于创建具有 Windows 窗体用户界面的应用程序项目。这里的 Windows 应用程序指 Windows 窗体应用程序,也可以指服务在操作系统底层看不见运行界面的程序。总的来说,它是运行在 Windows 平台上的程序,用于服务用户的,它定义了窗体的外观属性、行为方法以及用户交互事件等。
- ASP.NET Web 应用程序:用于创建具有 Web 用户界面的应用程序的项目,即需要浏览器支持的项目。

现在 Windows 应用程序的开发和 Web 应用程序的开发都有广泛地应用市场,众多的传统应用程序都已经渐渐 Web 化。Web 应用程序在电子政务、电子商务、无纸化办公等领域正在被越来越广泛地应用,Web 应用和在线体验更是得到广泛地深入,它提供的交互功能使得 Web 程序和在 Windows 中操作软件差不多。

1.3.2　创建第一个 ASP.NET Web 网站

实例 1-1　在浏览器页面中显示文本"Hello World!"以及系统时间,具体显示结果如图 1-1 所示。

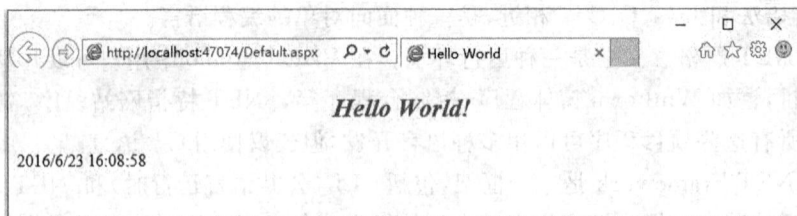

图 1-1　运行结果

实现步骤:

(1) 打开 Visual Studio 2013,执行"文件"|"新建项目"命令,在左列选择 Visual C#中的 Web 项目,在中间列选择"ASP. NET Web 应用程序",如图 1-2 所示,注意存储路径和项目名称的修改。

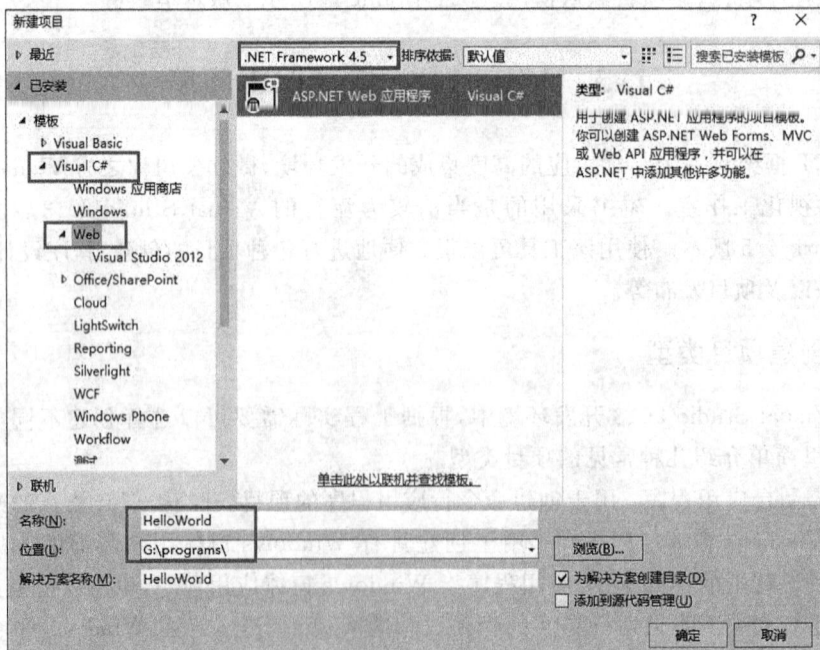

图 1-2　新建项目

（2）在弹出的新对话框中选择 Empty，这样就创建了一个空白新 Web 项目，如图 1-3 所示。

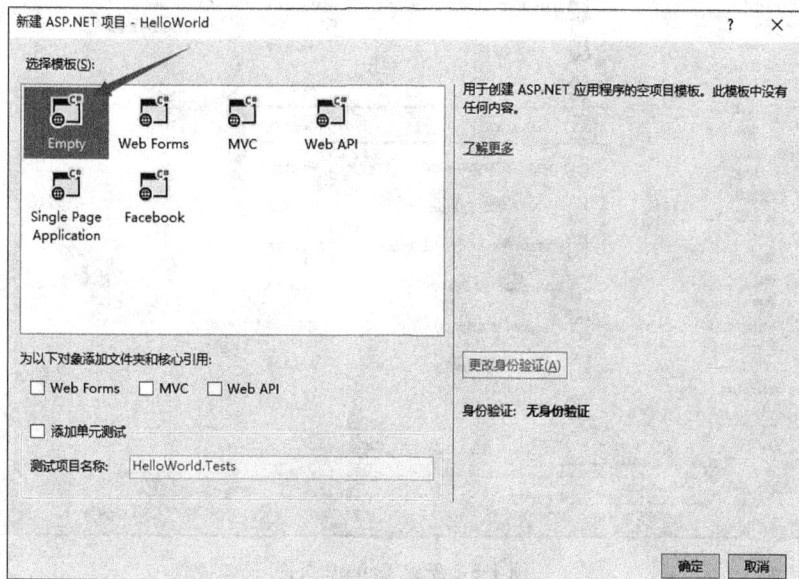

图 1-3　新建空白网站项目

（3）在"解决方案资源管理器"中选择项目名后右击，在弹出的菜单中执行"添加"命令，再选择"新建项"，如图 1-4 所示。在图 1-5 所示的窗体中选择"Web 窗体"后，即可创建一个文件名为 Default.aspx 的页面，对应会生成后台服务器程序代码文件 Default.aspx.cs 文件，HTML"源文件"自动处于打开状态。

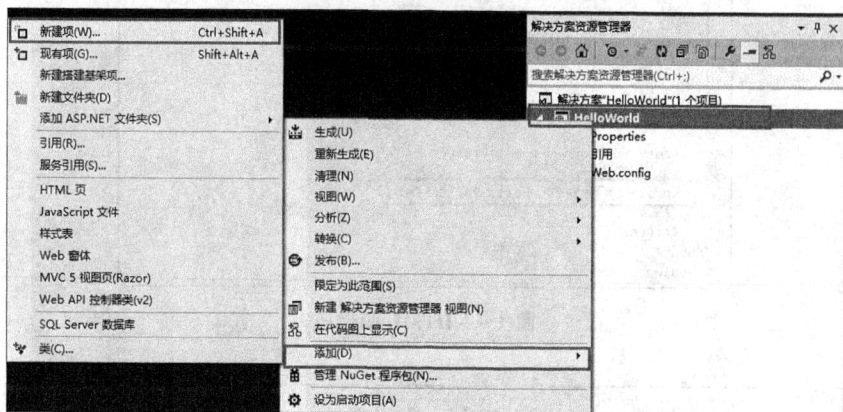

图 1-4　新建空白页面

（4）在 HTML 代码中添加"Hello World！"文字，并对其进行 CSS 样式设置，代码如图 1-6 所示。

（5）将视图切换至"设计"，在左边"工具箱"中找到 Label 工具，双击或者拖动到页面 div 中，如图 1-7 所示。

图 1-5 新建 Default 页面

图 1-6 HTML 源代码

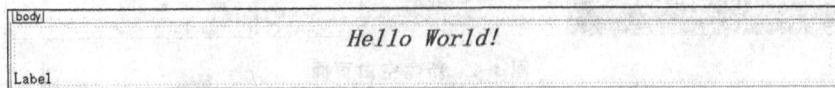

图 1-7 设计效果

（6）双击页面空白处，打开 Default. aspx. cs 文件，在 Page_Load 事件中填写如下代码：

```
Label1.Text=DateTime.Now.ToString();
```

（7）运行，结果如图 1-1 所示。

1.3.3　Visual Studio 环境中常用面板

在 Visual Studio 开发环境中，会经常用到一些面板，合理使用面板会提高项目开发的效率。下面介绍常用的浮动面板。

（1）"解决方案资源管理器"面板：该面板默认处于打开状态，面板中呈现的就是项目中所有涉及的文件和资源，类似于计算机中的"资源管理器"。该资源管理器中会有一些隐藏文件，可通过图 1-8 中箭头所指图标将其显现出来。

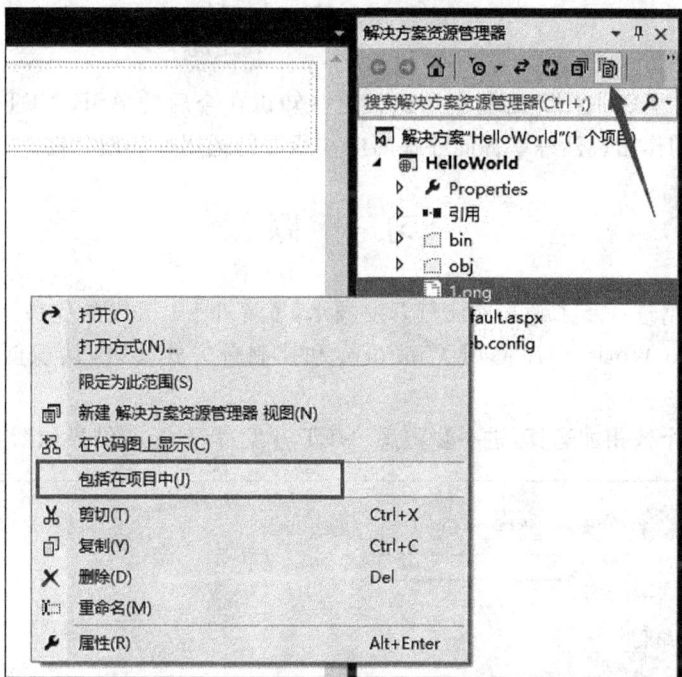

图 1-8　解决方案资源管理器面板

注意：通过计算机方式复制至项目中的资源文件总是以隐藏文件状态显示，无法正常使用，可以通过选中隐藏文件，单击右键菜单选择"包含在项目中"将其激活。

（2）属性面板：该面板用来设置所选控件的属性，可以通过分类进行排序，也可以根据英文字母顺序进行排序，建议使用字母顺序进行排序，以加强对常用属性的记忆。

（3）工具箱面板：该面板中包含所有可以进行前端设计时所使用的控件，默认包含11 个选项卡，第三方控件也可以增加到工具箱面板中，该部分在后面会详细讲解。

（4）服务器资源管理器面板：该面板主要用于连接数据库时使用，用于呈现数据库结构，类似于 SQL Server 数据库服务器功能，在以后讲解数据库时需要打开此面板。

以上是对于初学者经常要用到的 4 种基本浮动面板，建议处于打开状态，如果没有打开或者不小心关闭了，可以通过"视图"菜单来打开。

1.3.4　程序运行方式

项目测试时可以通过多种方式进行运行,.NET 程序的主要运行方式如下所示。

（1）调试运行：在运行时进行调试，可以发现一些环境方面的错误，对应快捷键 F5。

（2）非调试运行：当网站发布到真正服务器时，选择此运行方式，对应快捷键 Ctrl+F5。

（3）生成：对程序进行编译不运行，用于重新构建运行环境，避免环境引起的错误。

（4）逐过程：设置断点，用于调试时运行，以过程为单位进行调试，对应快捷键 F10

（5）逐语句：设置断点，用于调试时运行，以语句为单位进行调试，对应快捷键 F11。

1.4　本章小结

本章讲解了 ASP.NET 的基本知识。这些知识在今后的 ASP.NET 应用开发中将起到非常重要的作用。熟练掌握能够提高应用程序的适用性和健壮性。

习　　题

1. 利用网络进一步了解当前流行开发技术，了解.NET 开发的优势。

2. 将 Hello World 程序使用 WinForm 和控制台方式实现，认识创建项目类型的不同。

3. 实现两个数相加运算，进一步熟悉.NET 开发过程，运行结果如图 1-9 所示。

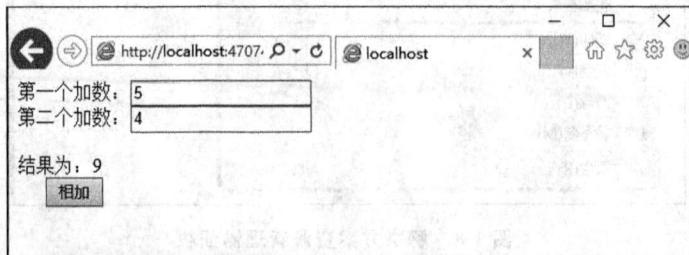

图 1-9　两数相加运行结果

第2章

C♯语言基础

2.1 C♯概述

C♯是微软公司设计用来在.NET平台上开发程序的主要编程语言。它吸收了C、C++与Java的优点,是一种新型的面向对象的高级程序语言,在特点上,与Java较为相似。在中间语言的领域里,C♯是最具亲和力的一种语言,它有着C语言与Java语言的主要特点,同时拥有功能强大的函数库、方便的模板等,是目前最理想的语言之一。程序设计人员利用.NET平台,配合C♯语言,可以轻松、快速地开发出实用的Windows应用软件,也可以利用ASP.NET设计出多姿多彩的动态网页。

2.1.1 良好的编程习惯

良好的习惯对于人的成长是非常重要的。良好的编程习惯对于编程能力的提高也是非常重要的,编程时要有良好的风格,源代码的逻辑简明清晰,易读易懂是好程序的重要标准。所以在讲具体知识内容之前,先来说说有哪些良好的编程习惯。

1. 命名的有意义性

无论是编程过程中使用到的变量、对象实例、类以及文档,都应当赋予其有意义的名称,例如,使用radius来代替圆的半径,而不是用r来表示;网站的首页命名为index或者default等等。命名有意义使得之后不会浪费更多的时间,去猜测命名到底代表什么,甚至不用为服务器其他方面的配置而劳神费力。

补充一句,坚持使用一种命名模式。如果你打算用英语命名法,那就坚持并广泛使用,不要拼音和英语混用,否则将适得其反。

2. 养成注释的习惯。

程序的注释是帮助阅读程序代码的重要辅助工具。良好的程序注释习惯是优秀程序员所必备的品质之一。代码注释不仅不会浪费时间,相反,它会使程序清晰、友好,从而提高编程效率。

C♯的注释方式有三种。第一种是行注释,语法为双斜杠//,注释范围为本行后面的内容。第二种为段落注释,在需要注释的段落之前添加符号/*,在段落的末尾添加符号*/,该段内容都将被编译器忽略。第三种注释为XML注释,主要用于注释类、接口首部,用于列出内容摘要、版本号、作者、完成日期、修改信息等,语法为///。

注释是用来说明解释程序、提高代码可读性的,但太长的注释反而起不到效果,只需要说明该程序是干什么的,至于是如何做的,也就是编程的细节,最好不要包括,因为日后可能要修改程序,这样做会带来不必要的注释维护工作,如果不修改,将提供误导信息,可能成为错误的注释。所以注释应以简洁为第一要义,避免拖沓冗长,另外最好注明程序的构建和修改日期,以及修改的原因。下列代码对三种注释进行了综合示范。

```csharp
///内容摘要:此处的内容为 XML 注释
///完成日期:2016 年 8 月 1 号
///版本:1.0
///作者:解春燕
/* 此处为段落注释:
      主要用来输出当前系统时间
*/

using System;                      //利用 using 关键字,引用 System 命名空间

namespace Example                  //定义自己的命名空间
{
    public partial class Default: System.Web.UI.Page
    {
        protected void Page_Load(object sender, EventArgs e)
        {
            Respond.Write(DateTime.Now);         //输出系统时间
        }
    }
}
```

3. 合理的语句构造

有助于语句简单明了的方法有多种,不要为了节省空间把多行语句写在一行;尽量避免复杂的条件测试;避免大量使用循环嵌套和条件嵌套;利用括号使逻辑表达式或算术表达式的运算次序清晰直观;合理使用缩进,以使代码清晰可读,在 Visual Studio 中,支持快捷键 Ctrl+K+D,进行自动排版。

2.1.2　命名空间

在 C#程序中,不管是简单的数据类型,还是其他复杂操作,都必须通过函数库才能实现。.NET 类库(Library)中包含了许多类,如按钮、复选框等。利用类库,便可以开发出具有优美界面的应用程序。.NET 类库中还包含了许多可以实现其他丰富功能的类,如存取网络、数据库操作等,这些类库使 C#编写的程序功能无比强大。

C#程序主要是利用命名空间(Namespace)来组织的,函数库就是由一个个的命名空间来组成。每个命名空间都可以视为一个容器,容器里可以存放类、接口、结构等程序。.NET 就是用命名空间来对程序进行分类,把功能相似的类、结构等程序放在同一个命名空间里,不仅便于管理,也便于程序设计人员使用。

为了方便地运用这些函数库,在 C# 程序中,必须使用 using 关键字将函数库包含进来,使用方法和作用与 C 语言中的 #Include 或者 Java 语言中的 import 十分相似。最常见的命名空间是 System。

```
using System;
```

程序设计人员还可以设计自己的命名空间,以供自己或者别人设计程序时使用。要定义命名空间,只需在命名空间的名称前加上关键字 namespace 即可,例如:

```
namespace MyNameSpace;
```

命名空间作为一个容器,其里面的区域需要用一个大括号{}来标识,这与类(Class)和方法(Method)的定义一样,例如:

```
namespace MyNamespace
{
    public class HelloWorld
    {
        public string Display()
        {
            return "Hello,World!";
        }
    }
}
```

上面自定义的命名空间 MyNamespace 包含了一个类 HelloWorld。与使用函数库里的命名空间一样,程序设计人员可以使用类 HelloWorld,例如:

```
using MyNamespace;
public partial class Default: System.Web.UI.Page
{
    protected void Page_Load(object sender, EventArgs e)
    {
        HelloWorld myText=new HelloWorld();
                        //定义 MyNamespace 里的类 HelloWorld 对象实例 myText
        Respond.write(myText.Display());
                        //使用类 HelloWorld 中定义的 Display 方法
    }
}
```

或者不用 using 关键字,而直接用完整的类名来使用类 HelloWorld,例如:

```
MyNamespace.HelloWorld.Display();        //使用 MyNamespace 里的类 HelloWorld
```

2.2　数　据　类　型

应用程序总是需要处理数据,而现实世界中的数据类型多种多样。为了让计算机了解需要处理的是什么样的数据,以及采用哪种方式进行处理,按什么格式来保存数据等问题,每一种高级语言都提供了一组数据类型。不同的语言提供的数据类型不尽相同。

2.2.1　数据类型概述

C♯主要有 3 类数据类型,如下所示。

(1) 值类型(value type),包含了变量中的值或数据,即使同为值类型的变量也不会相互影响。

(2) 引用类型(reference type),保留了变量中数据的相关信息,同为引用类型的两个变量,可以指向同一个对象,也可以针对同一个变量产生作用,或者被其他同为引用类型的变量所影响。

(3) 指针类型(pointer type),在 C♯ 中可以为程序代码加上特殊的标记 unsafe,在程序里使用指针,并指向正确的内存位置,其中所用的数据类型就是指针类型了。

注意:Java 没有指针,C♯ 却可以使用指针,但是必须为使用指针的程序块加上 unsafe 标记。

2.2.2　值类型

在 C♯ 语言的领域里,值类型主要包括以下几种数据类型:

- 简单类型(simple type)。
- 结构类型(struct type)。
- 枚举类型(enums type)。

1. 简单类型(Simple type)

简单数据类型如表 2-1 所示。具体又可分为以下几类:

- 整数类型。
- 布尔类型。
- 字符类型。
- 实数类型。

表 2-1　简单类型

数据类型	占用内存	数 值 范 围
sbyte	8 位	−128～127
byte	8 位	0～255
short	16 位	−32 768～32 767
ushort	16 位	0～65 535

数据类型	占用内存	数 值 范 围
int	32 位	$-21\ 47\ 483\ 648 \sim 21\ 47\ 483\ 647$
uint	32 位	$0 \sim 4\ 294\ 967\ 295$
long	64 位	$-9\ 223\ 372\ 036\ 854\ 775\ 808 \sim 9\ 223\ 372\ 036\ 854\ 775\ 807$
ulong	64 位	$0 \sim 18\ 446\ 744\ 073\ 709\ 551\ 615$
char	16 位	$U+0000 \sim U+FFFF$
float	32 位	$1.5 \times 10^{-45} \sim 3.4 \times 10^{38}$
double	64 位	$5.0 \times 10^{-324} \sim 1.7 \times 10^{308}$
bool	16bits	True 与 False
decimal	96 位	$1.0 \times 10^{-28} \sim 7.9 \times 10^{28}$

（1）整数类型

数学上的整数可以从负无穷到正无穷，但计算机的存储单元是有限的，所以计算机语言提供的整数类型的值总是一定范围之内的。C#有 9 种整数类型：短字节型（sbyte）、字节型（byte）、短整型（short）、无符号短整型（ushort）、整型（int）、无符号整型（unit）、长整型（long）和无符号长整型（ulong）。划分的根据是该类型的变量在内存中所占的位数，各种类型的数值范围及所占内存空间，可以参照表 2-1。

注意：位数的概念是以二进制来定义的。例如 8 位整数表示的数是 2 的 8 次方，为 256。

（2）布尔类型

布尔类型是用来表示"真"和"假"两个概念的，在 C#里用 true 和 false 来表示。值得注意的，在 C 和 C++中，用 0 来表示"假"，用其他任何非 0 值来表示"真"。但是这种表达方式在 C#中已经被弃用。在 C#中，true 值不能被其他任何非零值所代替。整数类型与布尔类型之间不再有任何转换，将整数类型转换成布尔型是不合法的，例如：

```
bool WrongTransform=1;          //错误的表达式,不能将整型转换成布尔型
```

（3）实数类型

数学中的实数不仅包括整数，而且包括小数。在 C#中小数主要采用两种类型来表示：单精度（float）和双精度（double）。它们的主要差别在于取值范围和精度不同。程序如果用大量的双精度类型的话，虽然说数据比较精确，但会占用更多的内存，程序的运行速度会比较慢。

- 单精度：取值范围在正负 1.5×10^{-45} 到 3.4×10^{38} 之间，精度为 7 位数。
- 双精度：取值范围在正负 5.0×10^{-324} 到 1.7×10^{308} 之间，精度为 15 到 16 位。

C#还专门定义了一种十进制类型（decimal），主要用于在金融和货币方面的计算。在现代的企业应用程序中，不可避免要涉及到大量这方面的计算和处理，而十进制类型是一种高精度、128 位的数据类型，它所表示的范围从大约 1.0×10^{-28} 到 7.9×10^{28} 的精度

为 28 到 29 位有效数字。十进制类型的取值范围比 double 类型的取值范围小很多,但它更精确。

(4) 字符类型(char)

除了数字外,计算机处理的信息还包括字符。字符主要包括数字字符、英文字符、表达符号等。C♯提供的字符类型按照国际上的公认的标准,采用 Unicode 字符集。

可以按下面的方法给一个字符变量赋值:

```
char c='C';    //给字符变量赋值
```

注意:字符类型的值只能用单引号。

2. 结构类型(Struct type)

利用简单数据类型,可以进行一些常用的数据运算与文字处理。但是日常生活中,经常要碰到一些更复杂的数据类型。例如图书馆里每本书需要书的作者、出版社与书名,如按简单类型来管理,那么每本书需要存放到 3 个不同的变量中,这样工作将变得复杂。

C♯定义了一种数据类型,它将一系列相关的变量组织为一个实体,该类型称为结构(struct)。定义结构类型的方式如下所示:

```
struct Book
{
    string name;              //结构里,默认为私有(private)成员
    public string author;
    public string publisher;
}
```

在 C♯语言中,可以像 int、bool 或 double 等简单类型一样,通过定义变量的方法来建立结构类型的实例对象,例如:

```
Book MyBook;
```

也可以利用 new 运算符来建立实例,例如范例中的语句:

```
Book MyBook=new Book ();            //定义了 Circle 结构类型的实例对象
```

3. 枚举类型(enums type)

枚举(enum type)实际上是为一组在逻辑上密不可分的整数值提供便于记忆的符号。例如,如下定义一个代表星期的枚举类型变量:

```
enum Week
{
    Monday,Tuesday,Wednesday,Thursday,Friday,Saturday,Sunday
};
Week ThisWeek;                //定义了一个枚举类型的实例变量
```

在形式上,枚举与结构类型非常相似,是结构上不同的类型数据组成的一个新数据类型,结构类型的变量值由各个成员的值组合而成。而枚举类型的变量在某一时刻只能取枚举中的某一个元素的值。例如,ThisWeek 是枚举类型 Week 的变量,其值要么是Monday,要么是 Friday 等,在某个时刻只能代表具体的某一天。

注意:在枚举中,每个元素之间的相隔符为逗号。这与结构类型不同,结构类型一般是用分号来分隔各个成员。

按照系统的默认,枚举中的每个元素都是 int 型,且第一个元素的值为 0,后面每一个连续元素的值以 1 递增。程序设计人员也可以对元素自行赋值。例如,把 Monday 的值设为 1,则其后元素的值分别为 2,3……

```
enum Week
{
    Monday=1,Tuesday,Wednesday,Thursday,Friday,Saturday,Sunday
};
```

为枚举类型的元素所赋的值类型仅限于 long、int、short 和 byte 等整数类型。

2.2.3 引用类型

C#语言中的引用类型(reference type)主要包括以下几种类型:

- 类类型(class type)。
- 对象类型(object type)。
- 字符串类型(string type)。
- 数组类型(array type)。

1. 类类型

类是面向对象编程的基本单位,是一种包含数据成员、函数成员和嵌套类型的数据结构。类的数据成员有常量、域和事件。函数成员包括方法、属性、索引指示器、运算符、构造函数和析构函数。类和结构同样都包含了自己的成员,有着许多共同特点,但它们最主要的区别便是:类是引用类型,而结构是值类型。

以下程序是一个使用类的典型例子:

```
public class ClassType
{
    public string name;                //定义了成员变量
    private string phone;
    public string Phonenumber          //定义属性变量的另一种方法
    {
        get
        {
            return phone;
        }
        set
```

```
        {
            phone=value;
        }
    }
    public ClassType()
    {                           //类的构造函数
    }
    public string GetName()
    {
        return name;        //类的成员方法
    }
}
```

类还支持继承机制。通过继承,派生类可以扩展基类的数据成员和函数方法,进而达到代码重用和设计重用的目的。有关类的概念将在 2.3 节中详细讲解。

2. 对象类型

对象类型(object type)是所有其他类型的基类,C#中的所有类型都直接或间接从对象类型中继承。因此,对一个对象类型的变量,可以赋予任何类型的值,例如:

```
int x=1;
object obj1;
obj1=x;                    //赋予对象类型变量为整型的数值
object obj2="B";           //赋予对象类型变量为字符值
```

对象类型的变量声明,采用 object 关键字,这个关键字是在.NET 框架结构中提供的预定义的命名空间 System 中定义的,是类 System.Object 的别名。

3. 数组类型

数组(array)是一种包含了多个变量的数据类型,这些变量称为数组的元素(element)。同一个数组里的数组元素必须都有着相同的数据类型,并且利用索引(index)可以存取数组元素。

C#定义数组的方式与 C/C++或 Java 一样,必须指定数组的数据类型,例如:

```
int[] IntArray;
```

但是,经过定义的数组并不会实际建立数组的实体,必须利用 new 运算符才能真正建立数组,例如:

```
IntArray=new int[4];
```

建立对象时,数组的长度定义必须使用常数,不能使用变量,否则会发生错误,例如:

```
int i=3;
int[] ArrayTest=new int[3];         //长度定义为常数,正确
int[] ArrayTest2=new int[i];        //长度定义为变量,错误
```

经过 new 关键字建立的数组,如果没有初始化,则其元素都会使用 C# 的默认值,如 int 类型的默认值为 0,bool 类型的默认值为 false 等。如果想自行初始化数组元素,可以用以下的方式来编写:

```
int[] ArrayTest=new int[3]{8,16,32};        //初始化数组,其中 3 可以不写,可以根据
                                               后面数据自动分配
```

已经建立的数组可以利用索引来存取数组元素。要注意的是,C# 数组的索引值是从 0 开始的,也就是说,对于上面含有 3 个元素的 ArrayTest 数组,这 3 个元素的存取方式分别为 ArrayTest[0]、ArrayTest[1]、ArrayTest[2]。

下面的范例大致展示了一维数组的定义、初始化及其元素存取等:

```
using System;
namespace DataTypeExamples
{
    public partial class Default: System.Web.UI.Page
    {
        protected void Page_Load(object sender, EventArgs e)
        {
            int[] arr=new int[4];                //定义数组,并利用 new 建立数组
                for(int i=0;i<arr.Length;i++)
                arr[i]=i;                        //对数组的每一个元素进行赋值
                for(int i=0;i<arr.Length;i++)    //输出显示每一个元素的值
                Response.Write("arr["+i+"]'s value is "+i);
        }
    }
}
```

在 C# 语言中,除了可以定义一维数组,还可以定义多维数组。定义多维数组时,可以采用如下的方式:

```
int[,] MulArray=new int[3,5];
```

也可以直接初始化多维数组,如下所示:

```
int[,] MulArray=new int[,]{ {1,2,3},{4,5,6}};
```

仔细观察上面的初始方式,可以看出,如果要初始化三维数组,只需要在一个大括号里,放几个二维数组作为三维数组的元素,元素之间用逗号隔开,如下所示:

```
int[,,] ThreeDim=new int[,,]{ {{1,2,3},{4,5,6}}, {{3,2,1},{6,5,4}} };
```

4. 字符串类型

C# 还定义了一个基本的类 string,专门用于对字符串的操作。这个类也是在.NET

框架结构的命名空间 System 中定义的,是类 System.String 的别名。

字符串不仅是一种数据类型、一种类别,它还可以视为一个数组,即一个由字符组成的数组。字符串的数组用法如下所示:

```
using System;
namespace DataTypeExamples
{
    public partial class Default: System.Web.UI.Page
    {
        protected void Page_Load(object sender, EventArgs e)
        {
            string MyString="Welcome!";
            Response.WriteLine(MyString[0]);      //读取字符串的第一个字符
            Response.WriteLine(MyString[4]);      //读取字符串的第五个字符
        }
    }
}
```

程序中将字符串 MyString 看作为一个字符数组,并通过索引来读取数组元素。

注意:字符串的索引方式只能读取,却不允许写入,除非整个字符串都一并修改才行。

利用运算符"+"可以将两个字符串合成一个字符串,例如:

```
string MyString1="Welcome";
string MyString2=",everyone!";
string MyString3=MyString1+MyString2;
Response.WriteLine(MyString3);
```

在 C++ 或 Java 中,若字符串包含了一些特殊字符,如"\"和""",必须在字符前加上反斜杠"\"。这种方式使字符串变得不容易阅读,例如:

```
string MyString="D:\\Eidy\\Book\\HappyEveryday.txt";
```

为了避免字符串变得不易辨识,C#提供了一个专门的运算符"@",它可以去除字符串中不必要的反斜杠,例如:

```
string MyString=@"D:\Eidy\Book\HappyEveryday.txt";
```

@的优点就是忽略不需要处理的字符串,也就是说,把@运算符后双引号内的字符串视为单纯的字符串,不管有没有包含特殊字符。例如,要输出""Hello""这样一个带双引号的字符串,则程序代码如下:

```
string MyString5=@"""Hello""";
Response.WriteLine(MyString5);
```

2.2.4　数据类型转换

在 C#语言中，一些预定义的数据类型之间存在着预定义的转换，例如，从 short 类型转换到 int 类型。C#中数据类型的转换可以分为两类：隐式转换和显式转换。

（1）隐式转换，就是系统默认的、不需要加以声明就可以进行的转换。在隐式转换过程中，编译器无须对转换详细检查就能够安全地执行，转换过程中也不会导致信息丢失，例如：

```
short st=23;
int i=st;          //将短整型隐式转换成整型了
```

（2）显式转换，又叫强制类型转换。与隐式转换正好相反，显式转换需要用户明确地指定转换的类型。常用强制类型转换的方法主要考虑如下三方面类型的转换：

① 简单数据类型 A 转换为字符串类型 B：B＝A. toString()。

② 字符串类型 B 转换为简单数据类型 A：A＝简单数据类型. parse(B)或者 A＝Convert. to 数据类型(B)。

③ 其他数据类型 C 转换为其他数据类型 D：D＝(D 的数据类型)C。

2.3　类

类(class)是面向对象程序设计的基本构成模块。从定义上讲，类是一种数据结构，但这种数据结构可能包含数据成员、函数成员以及其他的嵌套类型。其中，数据成员类型主要有常量、域；函数成员类型有方法、属性、构造函数和析构函数等。

2.3.1　类结构

C#虽然有许多系统自定义的命名空间及类供程序设计人员使用，但设计人员仍然需要针对特定问题的特定逻辑来定义自己的类。

定义类主要包括定义类头和类体两部分，其中类体由属性与方法组成，下面是类结构。

```
类头                    //类头语法格式：修饰符 class 类名
{
    类字段或类变量；      //字段或变量语法格式：修饰符 数据类型 字段名
    属性；               //属性语法格式：修饰符 数据类型 属性名
    构造方法；           //构造方法语法格式：public 类名(形参表)
    方法；               //方法语法格式：修饰符 返回数据类型 方法名(形参表)
    事件；               //事件语法格式：修饰符 事件名(形参表)
}
```

2.3.2 类命名规则

C♯语言的命名规则如下：

- 使用 Pascal 规则命名类名，即首字母要大写；使用能够反映类功能的名词或名词短语命名类。
- 用 Camel 规则来命名类成员变量名称，即首单词（或单词缩写）小写；类字段变量名前可加"_"前缀。
- 属性使用 Pascal 规则，首字符大写，属性和相应字段名称要关联，可以使用"重构"菜单来生成属性。
- 方法名采用 Pascal 规则，首字符要大写。方法名应使用动词或动词短语。
- 参数采用 Camel 规则命名，即首字符小写。使用描述性参数名称，参数名称应当具有最够的说明性。

命名规则总结如表 2-2 所示。

表 2-2　各种类型命名规范总结

类　　型	命名规则	注意事项	实　　例
类	Pascal	首字符大写	HttpContext
事件	Pascal	首字符大写	SelectedIndexChanged
类字段	Pascal	首字符大写	MaxValue（或_MaxValue）
方法	Pascal	首字符大写	ToString()
命名空间	Pascal	首字符大写	System. Xml
属性	Pascal	首字符大写	BackColor
保护或私有字段	Camel	首字符小写	myVariable
参数	Camel	首字符小写	cmdText

2.3.3 类成员

类的成员主要有以下类型：

- 字段、常量或变量。
- 属性，用于定义类中的值，并对它们进行读写。
- 构造方法，对类的实例进行初始化。
- 方法，执行类中的数据处理和其他操作。

1. 成员访问控制符

在编写程序时，可以对类的成员使用不同的访问修饰符，从而定义它们的访问级别。

- 公有成员(public)。C♯中的公有成员提供了类的外部界面，允许类的使用者从外部进行访问，公有成员的修饰符是 public。这是对成员访问限制最少的一种方式。

- 私有成员（private）。C#中的私有成员仅限于类中的成员可以访问，从类外部访问私有成员是不合法的。如果在声明中，没有出现成员的访问修饰符，按照默认方式成员为私有。私有成员的修饰符为 private。

- 保护成员（protected）。为了方便派生类的访问，又希望成员对于外部隐藏，可以使用 protected 修饰符，声明成员为保护成员。

- 内部成员（internal）。使用"internal"修饰符类的成员是一种特殊成员。这种成员对于同一包中的应用程序或库是透明的。而在包.NET 之外是禁止访问的。

下面例子详细地说明了类成员访问修饰符的用法：

```
using System;
class Book
{
    public int number;                      //定义了公有变量,数量
    protected double price;                 //定义了保护变量,价格
    private string publisher;               //定义了私有变量,出版社
    public void func()
    {
        number=5;                           //正确,可以访问自己的公有变量
        price=22.0;                         //正确,可以访问自己的保护变量
        publisher="Peking Publisher";       //正确,可以访问自己的私有变量
    }
}
class EnglishBook
{
    public int number;
    private string author;
    public void func()
    {
        author="AndyLau";                   //正确,可以访问自己的变量
        Book book1=new Book();              //定义了 Book 的实例对象
        book1.number=6;                     //正确,可以访问类的公有变量
        book1.publisher="Science Publisher";//错误,不能访问类的私有变量
        book1.price=25.0;                   //错误,不能访问类的保护变量
    }
}
class ComputerBook:Book                     //电脑书籍继承了 Book 类
{
    public void funct()
    {
        Book b=new Book();
        b.number=8;                         //正确,可以访问类的公有变量
        b.publisher="People Publisher";     //错误,不可以访问其私有变量
        price=25.0;                         //正确,可以访问类的保护变量
    }
}
```

2. 字段定义

字段是构成类结构的一种元素,它不仅可以保存一个值类型的实例,也可以保存一个引用类型的地址引用。它不仅可以是类的状态数据,也可以是实例的状态数据,它默认并不是 static,而是对象级的成员,除非明确指定其修饰符为 static。字段可以使用的修饰符有 public、private、protected、internal 或 protected internal。我们可以将其公开为 public,让外界对其进行读、写修改。从某种意义上来讲,我们更希望在类本身内部对自己的状态进行维护,并不希望外界对自己的状态进行直接更改,以防止破坏这些数据,这时采用 private 修饰符就可实现,但还有一种更好的方法解决办法,就是属性。

下面定义银行卡信息类中需要的一些字段:

```
public class BankCard
    {
        public string_CardNumber;          //定义了公有的成员卡号
        private string password ;          //定义了私有的成员密码
        double balance;                    //定义了私有的存款金额
    }
```

3. 属性

如果在外部要访问某一个类的内部成员(私有字段),可以使用方法来达到目的,但如果对每一个字段都去编写一个方法来进行读写操作似乎又麻烦了些。属性以灵活的方式实现了对私有字段的访问,它是一种"访问器"方法,包括 get 方法和 set 方法:get 访问器用于获取属性的值;set 访问器用于设定属性的值。

在属性的访问声明中,主要有以下 3 种方式。

- 只有 set 访问器,表明属性的值只能进行设置而不能读出。
- 只有 get 访问器,表明属性的值是只读的,不能改写。
- 同时具有 set 访问器和 get 访问器,表明属性的值的读与都是允许的。

每个访问器的执行体中,所有属性的 get 访问器都通过 return 来读取属性值,set 访问器都通过 value 来设置属性的值。

get 访问器的语法为:

```
get{ return 字段名;}
```

set 访问器的语法为:

```
set{ 字段名=value;}
```

继续对上述银行卡字段进行封装,设置属性,代码如下:

```
public class BankCard
    {

        public string CardNumber;          //定义了公有的成员卡号
        private string _password;          //定义了私有的成员密码
```

```
    double _balance;                        //定义了私有的存款金

    public string Password                  //定义_password 对应属性,只读
    {
        get { return _password; }
    }
    public double Balance                   //定义_balance 对应属性,可读可写
    {
        get { return _balance; }
        set { _balance=value; }
    }
}
```

注意:

(1) 属性在定义的时候,要注意属性的名称后面不能加上括号,否则就变成方法定义了。

(2) 此处没有定义 CardNumber 的属性,是因为 CardNumber 的修饰符为 public,已为最高访问权限,即可读可写,无须再使用属性进行权限的设置。

4. 构造方法

构造方法是用于执行类实例的初始化。每个类都有构造方法,即使没有声明,编译器也会自动提供一个默认的无参构造方法。默认的构造方法一般不执行什么操作,例如:

```
public class Class1
{   public Class1()
    {                           //系统默认的构造方法
    }
}
```

在访问一个类的时候,系统将最先执行构造函数中的语句。使用构造函数应该注意以下几个问题:

- 一个类的构造方法要与类名相同。
- 构造方法不能声明返回类型。
- 一般构造函数总是 public 类型,才能在实例化时调用。如果是 private 类型的,表明类不能被实例化,这通常用于只含有静态成员的类。
- 在构造方法中,除了对类进行实例化外,一般不能有其他操作。对于构造方法也不能显式地来调用。

构造方法可以是不带参数的,这样对类的实例的初始化是固定的,就像默认的构造方法一样。有时候,在对类进行初始化时,需要传递一定的数据,以便对其中的各种数据进行初始化,这时可以使用带参数的构造方法,实现对类的不同实例的不同初始化。

以下程序展示了构造方法的定义:

```
ublic class BankCard
{
    public string CardNumber;                //定义了公有的成员卡号
    private string _password;                //定义了私有的成员密码
    double _balance;                         //定义了私有的存款金额

    public string Password                   //定义_password对应属性,只读
    {
        get { return _password; }
    }
    public double Balance                    //定义_balance对应属性,可读可写
    {
        get { return _balance; }
        set { _balance=value; }
    }
    public BankCard()                        //构造无参构造方法
    {
        CardNumber="2016001";
        _password="111";
        _balance=0;
    }
    public BankCard(string cardnumber)       //构造带有1个参数的方法
    {
        CardNumber=cardnumber;
        _password="222";
        _balance=0;

    }
    public BankCard(string cardnumber, string password)
                                             //构造带有2个参数的方法
    {
        CardNumber=cardnumber;
        _password=password;
        _balance=0;

    }
    public BankCard(string cardnumber, string password, double balance)
                                             //构造带有3个参数的方法
    {
        CardNumber=cardnumber;
        _password=password;
        if(balance>0)
            _balance=balance;
```

```
else
    _balance=0;
    }
}
```

上面范例程序中定义了 3 个构造函数,每个函数的入口参数都不一样,在实例化时,可以根据需要选择相应的构造函数。实际上,在实例化时,构造函数的名称还都是一样,只是入口参数不一样而已,这就是方法的重载功能。

5. 方法

在面向对象的程序语言设计中,对类的数据成员的操作都封装在类的成员方法中。方法的主要功能便是数据操作。方法的声明包括修饰符、返回值数据类型、方法名、入口参数和方法体,如下列代码所示:

```
public int SumOfValue(int x, int y)
{
    return x+y;
}
```

方法的返回值类型必须是合法 C♯ 的数据类型,用 return 得到返回值。如果没有返回值,则声明时,用关键字 void,并且方法体里不允许出现 return。例如:

```
public string returnString()
{
    ⋮
        Return …;                //用 return 返回数值
}
public void NoReturn()
{
    ⋮                            //没有 return 返回值
}
```

给银行卡类增加存款和取款方法的代码如下:

```
public string Deposit(double money)        //定义存款方法
    {
        if(money>=0)
        {
            _balance +=money;
            return _balance.ToString();
        }
        else
        {
            return "输入存款金额不正确";
        }
    }
```

```
public string Withdraw(double money)            //定义取款方法
{
    if(money>=0)
    {
        if(_balance>=money)
        {
            _balance -=money;
            return _balance.ToString();
        }
        else
        {
            return "卡中余额不足";
        }
    }
    else
    {
        return "输入取款金额不正确";
    }
}
```

2.3.4 类的调用

定义好整个银行卡类相关的字段、属性、构造方法和一般方法以后,就可以调用该类进行具体的操作了。

添加一个 Web 窗体文件 Default. aspx,设计存款前台页面如图 2-1 所示。

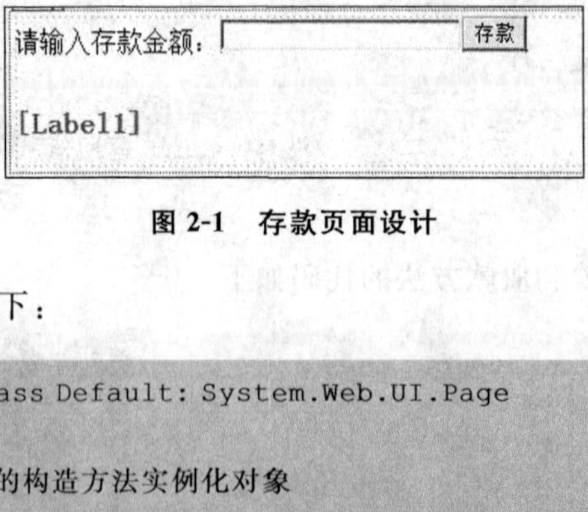

```
请输入存款金额: [_____]  [存款]

[Label1]
```

图 2-1   存款页面设计

CS 后台相关代码如下:

```
public partial class Default: System.Web.UI.Page
{
    //采用 4 种不同的构造方法实例化对象

    BankCard BankCard1=new BankCard();
    BankCard BankCard2=new BankCard("2016002");
    BankCard BankCard3=new BankCard("2016003", "333");
    BankCard BankCard4=new BankCard("2016004", "444", 1000);

    protected void Page_Load(object sender, EventArgs e)
    {
```

```
    }
protected void Button1_Click(object sender, EventArgs e)
{
    double myMoney=int.Parse(TextBox1.Text);
    string s1=BankCard1.Deposit(myMoney);
    string s2=BankCard2.Deposit(myMoney);
    string s3=BankCard3.Deposit(myMoney);
    string s4=BankCard4.Deposit(myMoney);

    Label1.Text="无参数构造时,卡号为: " +BankCard1.CardNumber +",密码
    为: " +BankCard1.Password +",金额为: "+s1 +"<br>
    "+"采用 1 个参数构造时,卡号为: " +BankCard2.CardNumber +",密码为:
    " +BankCard2.Password +",金额为: " +s2 +"<br>
    "+"采用 2 个参数构造时,卡号为: " +BankCard3.CardNumber +",密码为:
    "+BankCard3.Password +",金额为: " +s3 +"<br>
    "+"采用 3 个参数构造时,卡号为: " +BankCard4.CardNumber +",密码为:
    "+BankCard4.Password +",金额为: " +s4;
    }
}
```

运行结果如图 2-2 所示。

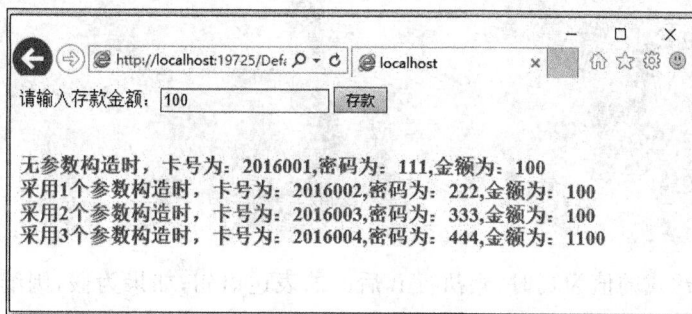

图 2-2 存款运行结果图 1

当存款金额输入不正确时的结果如图 2-3 所示。

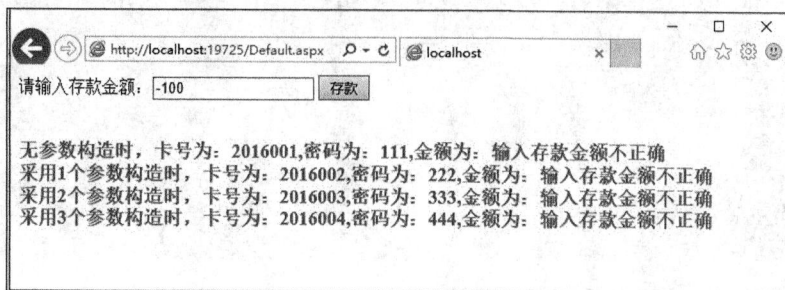

图 2-3 存款运行结果图 2

取款方法的调用类似于存款功能代码，只需将存款方法改为取款方法调用名即可，读者可自行设计实现。

2.4　流程控制

C#程序设计语言的流程控制语句与 C 或 Java 语言在很大程度上是一致的，分为选择语句、循环和跳转语句，主要的流程控制关键字有以下几种。

- 选择控制：if、else、switch、case。
- 循环控制：while、do、for、foreach。
- 跳转语句：break、continue。

2.4.1　选择

在 C#中，要根据条件来做流程选择控制时，可以利用 if 或 switch。它们与 C 语言中的用法一样。

1. if 语句

if 语句是最常用的选择语句，它根据布尔表达式的值来判断是否执行后面的内嵌语句。其格式一般如下：

```
if(布尔表达式)
{
    //表达式；
}
else
{
    //表达式
}
```

当布尔表达式的值为真时，则执行 if 后面的表达语句；如果为假，则继续执行下面语句，如果还有 else 语句，则执行 else 后面的内嵌语句，否则继续执行下一条语句。下面的例子是根据 x 的符号来决定 y 值的范例程序：

```
if(x>=0)
{
    y=1;
}
else
{
    y=-1;
}
```

如果 if 或 else 之后的大括号内的表达语句只有一条执行语句，则嵌套部分的大括号可以省略。如果包含了两条以上的执行语句，则一定要加上大括号。

　　如果程序的逻辑判断关系比较复杂,则可以采用条件判断嵌套语句。if 语句可以嵌套使用,在判断中,再进行判断。具体形式如下:

```
if(布尔表达式)
{
    if(布尔表达式)
    {…}
    else
    {…}
}
else
{
    if(布尔表达式)
    {…}
    else
    {…}
}
```

　　注意：每一条 else 与离它最近且没有其他 else 与之对应的 if 相匹配。

2. switch 语句

　　if 语句每次判断后,只能实现两条分支,如果要实现多种选择的功能,可以采用 switch 语句。switch 语句根据一个控制表达式的值选择一个内嵌语句分支来执行。它的一般格式为:

```
switch(控制表达式)
{
    case …:
    case …:
    default …
}
```

　　switch 语句在使用过程中,需要注意两点。

- 每个 case 后面要以 break 结束,否则会继续执行下一个 case 语句。
- switch 语句中最多只能有一个 default 标签。

　　举个例子,国内学分是以百分制,国外大学则是四分制。出国的学生在换算分数时,算法是：90 分以上换算为 4 分,80 到 90 为 3 分,70 到 80 为 2 分,60 到 70 为 1 分,60 以下为 0 分计算。这种换算方法如果用 switch 语句来实现,其流程图如图 2-4 所示。

　　程序代码如下所示:

```
int x,y;
x=(int)(x/10);          //先算出分数的十位数
switch(x)               //判断十位数的大小
{
```

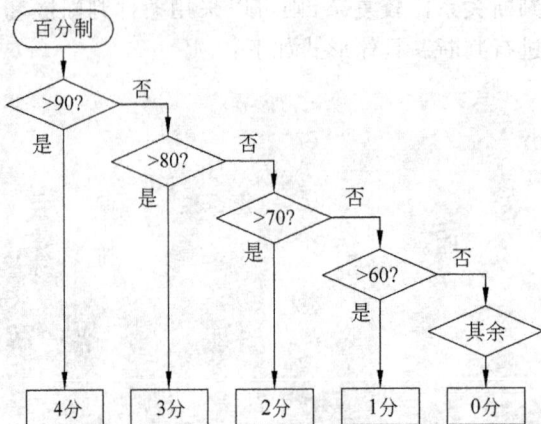

图 2-4　流程图

```
    case 10:y=4;break;          //各个 case 标签表达式值不能相同
    case 9:y=4;break;
    case 8:y=3;break;
    case 7:y=2;break;
    case 6:y=1;break;
    default:y=0;                //有且只有一个 default 语句
}
```

在 C# 中使用 switch 语句时,还需要注意,虽然 C/C++ 允许 case 标签后不出现 break 语句,但是 C# 却不允许这样。它要求每个标签项后面使用 break 语句,或者跳转语句,而不能从一个 case 自动遍历到其他 case,如果这样将出现编译错误。

例如,C/C++ 语言中,可能出现如下的程序代码:

```
case 7:y=2;
case 6:y=1;
default:y=0;
```

这样的程序代码在 C# 中则是不允许的。在 C# 中,如果想实现类似 C/C++ 中的自动遍历的功能,可以用跳转语句 goto 来实现,上面的程序代码可改写为:

```
case 7:y=2;goto case 8;
case 6:y=1;goto default;
default:y=0;
```

2.4.2　循环

循环语句可以实现一个程序模块的重复执行,这对于简化程序、组织算法有着重要的意义。C# 总共提供了 4 种循环语句:

- for 语句。

- while 语句。
- do-while 语句。
- foreach 语句。

1. for 语句

C# 中 for 循环的用法与 C 语言里相同,其中必须给出 3 个参数,作为控制循环的起点、条件和累计方式。一般格式为:

```
for(起点;条件;累计方式)
{
    //for 循环语句
}
```

for 语句还可以嵌套使用,以完成大量重复性、规律性的工作。例如,在数学上,经常要把一列数进行排序,该排序过程就可以用 for 语句的嵌套来实现:

```
int[] a=new int[5]{9,8,5,3,6};
int temp;
for(int i=0;i<a.Length;i++)
{
    for(int j=i+1;j<a.Length;j++)        //从 i 后面的每个元素扫描
    {
        if(a[j]<a[i])                     //如果比 a[i] 小,则交换两数值
        {
            temp=a[i];                    //结果是最小的数值都一个个被排到前面来
            a[i]=a[j];
            a[j]=temp;
        }
    }
}
for(int i=0;i<a.Length;i++)              //输出所有的元素
    Console.Write(a[i]);
```

程序的运行结果是:35689,实现了从小到大的排序功能。

2. while 语句与 do-while 语句

while 的使用方式与 for 基本相同,不过 for 循环必须给定起点与终点,而 while 只限定条件,只有满足条件才执行内嵌表达式,否则离开循环,继续执行后面的语句。例如:

```
int x=0;
int[] a=new int[3]{166,173,171};
while(x<a.Length)                       //条件判断
{
    if(a[x]==171)                       //找出 171 的位置并输出
        Console.WriteLine(x);
    x++;                                //累加条件判断的变量
}
```

do-while 语句与 while 语句不同,它先将内嵌语句执行一次,再进行条件判断是否循环执行内嵌语句。将上例用 do-while 实现的程序代码如下所示:

```
int x=0;
int[] a=new int[3]{166,173,171};
do
{
    if(a[x]==171)                 //找出 171 的位置并输出
        Console.WriteLine(x);
    x++;                          //累加条件判断的变量
}
while(x<a.Length);                //条件判断
```

3. foreach 语句

foreach 语句可以让设计人员扫描整个数组的元素索引。它不用给出数组的元素个数,便能直接将数组里的所有元素输出。请看下面这个例子:

```
int[] a=new int[5]{23,34,45,56,67};
foreach(int i in a)
{
    Console.WriteLine(i);
}
```

使用 foreach 语句时,并不需要知道数组里有多少个元素,通过"in 数组名称"的方式,便会将数组里的元素值逐一赋予变量 i,之后再输出。foreach 语句一般在不确定数组的元素个数时使用。

注意:foreach 循环只适合集合类的对象,如数组、字符串、List 列表类等。

2.4.3　跳跃

为了让程序拥有更大的灵活性,通常都会加上中断或跳转等程序控制。C♯ 语言中可以用来实现跳跃功能的命令主要有以下几种:

- break 语句。
- continue 语句。
- goto 语句。

1. break 语句

在前面介绍 switch 语句的章节里,已经使用过 break 命令。事实上,break 不仅可以使用在 switch 判断语句里,还可以在程序的任何阶段上运用。它的作用是跳出当前的循环,例如:

```
int[] a=new int[3]{1,3,5};
for(int i=1;i<a.Length;i++)
{
```

```
    if(a[i]==3)
        break;
    a[i]++;
}
//当 a[i]=3 时，跳转到此
```

当满足 a[i]=3 时，运行 break 命令，跳出当前的 for 循环。

2. continue 语句

continue 语句会让程序跳过下面的语句，重新回到循环起点，例如：

```
for(int i=1;i<10;i++)        //跳转至此
{
    if(i%2==0) continue;
    Console.Write(i);
}
```

如果变量 i 为偶数，则不执行后面的输出表达式，而是直接跳回起点，重新加 1 后继续执行。程序输出结果为：13579。

3. goto 语句

与 C 语言一样，C# 也提供了一个 goto 命令，只要给予一个标记，它可以将程序跳转到标记所在的位置，例如：

```
for(int i=1;i<10;i++)
{
    if(i%2==0) goto OutLabel;
    Console.WriteLine(i);
}
OutLabel:                     //跳转至此
    Console.WriteLine("Here,out now!");
```

2.5 异 常 处 理

在编写程序时，不仅要关心程序的正常操作，还要把握现实世界中可能发生的各类难以预期的情况（如数据库无法连接、网络资源不可用等）。C# 语言中提供了一套安全有效的异常处理方法，用来解决这类现实问题。

在 C# 中，所有的异常都是 System.Exception 类的派生类实例。C# 中获取例外的方式与 Java 一样，都是利用 try、catch 和 throw、throws 这三个关键词来获取、处理或抛出异常的。

2.5.1 异常处理的作用

异常就是可预测但是又没办法消除的一种错误。出现了异常，系统会出现一堆代码。

这些代码肯定是些非专业人员看不懂的代码。通过捕获异常,可使用户能够自行处理异常信息。所以程序员为了确保在程序中不发生这样的错误,把容易发生异常的代码用 try catch 进行处理,或者通过 throws 将异常向上抛出,由上一级进行接收并处理。如果发生异常而不去处理,会导致程序中断,也就是程序无法继续运行。

自己编写的类,在不确定是不是要报错的情况下,可加一个异常处理,这有助于找出程序中的 Bug。

2.5.2 try-catch 和 throw、throws 的区别

- throw 是语句抛出一个异常;throws 是方法抛出一个异常。如果一个方法会有异常,但并不想处理这个异常,可在方法名后面用 throws,这样这个异常就会抛出,谁调用了这个方法谁就要处理这个异常,或者继续抛出。
- throw 要么与 try-catch 语句配套使用,要么与 if 配套使用。但 throws 可以单独使用,然后再由处理异常的方法捕获,语法为 public void input() throws Exception。
- try-catch 就是用 catch 捕获 try 中的异常,并处理;throw 则不处理异常,直接抛出异常,throw new exception() 是抛出一个异常,由别的方法来捕获它。也就是说 try-catch 是为捕获别人的异常用的,而 throw 是自己抛出异常让别人去破获的。

2.5.3 常见异常类

常见异常类如下所示。
- 算术异常类:ArithmeticExecption。
- 空指针异常类:NullPointerException。
- 类型强制转换异常:ClassCastException。
- 数组负下标异常:NegativeArrayException。
- 数组下标越界异常:ArrayIndexOutOfBoundsException。
- 违背安全原则异常:SecturityException。
- 文件已结束异常:EOFException。
- 文件未找到异常:FileNotFoundException。
- 字符串转换为数字异常:NumberFormatException。
- 操作数据库异常:SQLException。
- 输入输出异常:IOException。
- 方法未找到异常:NoSuchMethodException。

2.5.4 实例

本实例处理除数为零时产生的异常。前台页面控件布置如图 2-5 所示。

源代码:

X=

Y=

计算Y=X^2+X+10

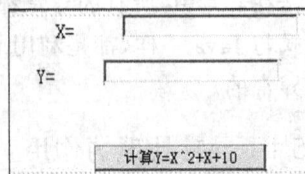

图 2-5 前台设计视图

```
protected void Button1_Click(object sender, EventArgs e)
{
    float x=0f, y=0f;
    try
    {
        x=Convert.ToSingle(TextBox1.Text);
        y=x * x +x +10;
        TextBox2.Text=y.ToString();
    }
    catch(FormatException ee)
    {
        //TextBox2.Text=ee.Message;
        TextBox2.Text="必须是数字";
        return;
    }
    catch(OverflowException ee)
    {
        TextBox2.Text=ee.Message;
        return;
    }
    catch(Exception ee)
    {
        TextBox2.Text=ee.Message;
        return;
    }
}
```

2.6 本 章 小 结

    C# 是微软公司推出的专门用于 .NET 平台的一门新型面向对象语言。它简洁、先进、类型安全,而且在网络编程方面,特别是 ASP.NET 网络开发方面,有着强大的功能,因此应用十分广泛。

    本章主要介绍了 C# 语言中最基础、也是最常用的一些知识,详细讲解了面向对象语言的主要特点。这些内容足以让读者在 ASP.NET 中任意翱翔,大展拳脚。但是如果没有面向对象编程基础的话,要全面理解本章的内容还是有点难度。不过这不会影响以后的课程学习,随着 ASP.NET 介绍的慢慢深入,学习更多的例子后,读者自然会对 C# 得心应手。

习 题

    1. 自定义类,字段为 int 型 x 和 y,可读可写,构造三个实例化方法:用不带参数的构造方法实例化时,x＝1,y＝2;用带一个参数 val 构造方法实例化时,x＝val,y＝val＋1;用带两个参数 val_x,val_y 构造方法实例化时,x=val_x,y=val_y,实现调用并显示结果。

2. 自定义类,一个学生的高考分数档案资料中,有学生的考号、姓名、分数、录取学校;考号一经确定后不能再改,所以只能读,不能写;姓名也是只读的;分数与录取学校都是可读写的。

3. 编程实现输出如图 2-6 所示的形状。

```
            *
        *       *
    *       *       *
        *       *
            *
```

图 2-6   编程输出的形状

4. 能力拓展:第 3 题中 * 最多的一行为 3 个,实现通过输入该行 * 号的数量显示菱形图。可以引入异常处理(如输入的不是数字时,抛出异常)。

5. 在数组中定义一些人名,利用随机数(Random)实现每次随机输出数组中的一个人名的功能。

第 3 章

Web 服务器控件

ASP. NET 提供了大量的控件,控件不仅解决了代码重用性的问题,对于初学者而言,控件还简单易用并能够轻松上手,轻松地实现一个交互复杂的 Web 应用功能,并且投入到开发中去。控件的本质是一个类,不同的控件是不同的类对象,每个控件都有一些公共属性,如字体颜色、边框的颜色、样式等。在波浪式的学习过程中,应该用面向对象的思想来学习不同的控件,并且逐渐深入理解不同控件的工作机理。这对接下来的学习是非常有帮助的。下面介绍一些常用的 Web 服务器控件。

3.1   ASP. NET 事件处理

每个控件都对应多种事件,事件代码出现在对应的 aspx. cs 文件中,而每个 aspx 页面都会自动生成一个 Page_Load 事件,页面加载 Page_Load 事件和每种控件事件代码优先级是不同的,只有熟悉 ASP. NET 页面事件处理流程,才能理解代码的执行顺序。

页面 Page 对象常用的页面处理事件 Page_PreInit、Page_Init、Page_Load 如表 3-1 所示。

表 3-1   常用页面处理事件表

事　　件	作　　用
Page_PreInit	通过 IsPostBack 属性判断是否为第一次处理该页、创建动态控件、动态设置主题属性、读取配置文件属性等
Page_Init	初始化控件属性
Page_Load	读取和更新控件属性

不同控件具有不同的事件,可以通过事件列表窗口查看,以按钮 Button 控件为例,具体事件列表如图 3-1 所示。

事件使用的一些特点如下。

- Page_Load 事件优先级高于控件事件。
- Page 事件处理的先后顺序是 Page_PreInit、Page_Init、Page_Load 和控件事件。平常使用的时候,经常使用的是 Page_Load 事件。

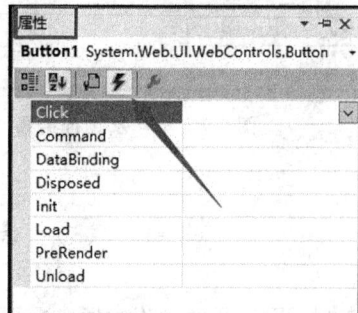

图 3-1   Button 事件列表图

- 部分控件事件会引起页面反复处理,即页面刷新,譬如按钮的 Click 事件,刷新后也会首先运行 Page_Load 事件。
- 如果想在执行控件的事件代码时不执行 Page_Load 事件中的代码,可以将语句写在 if(!IsPostBack)条件语句中,表示页面回送引起的 Page_Load 事件就不再执行了。
- 每个控件都有默认事件,双击该控件,即生成默认事件代码区。误操作双击后生成的事件代码区是不可以随意删除的,如果确实需要删除,也需要删除事件列表面板中对应的事件值。
- Change 事件被触发时,先将事件的信息暂时保存在客户端的缓冲区中,等到下一次向服务器传递信息时,再与其他信息一起发送给服务器。若要让控件的 Change 事件立即得到服务器的响应,就需要将该控件的 AutoPostBack 属性值设为 true。

实例 3-1 IsPostBack 属性应用实例。

本实例在页面第一次载入时显示"页面第一次加载!"。当单击按钮时只显示"执行 Click 事件代码!"信息,不再显示"页面第一次加载!"。

(1) 新建一个 Web 网站,新建一个页面,在该页面中放置一个 Button 控件。

(2) 双击 Button 控件,自动生成 Button1_Click 事件代码区,在该代码区输入代码:

```
Response.Write("执行 Click 事件代码!");
```

(3) 同时在 Page_Load 代码区输入下面代码:

```
if(!IsPostBack)
    {
        Response.Write("页面第  次加载!");
    }
```

(4) 运行程序,结果如图 3-2 和图 3-3 所示。

图 3-2 第一次运行结果

图 3-3 单击按钮后的运行效果

3.2 文本类控件

在 Web 开发过程中通常需要向用户展示一些信息,或与用户进行交互,实现信息的输入输出,如新闻内容的展示、搜索引擎的输入框、超链接等,这就要使用到文本类控件。

这里主要介绍 Label、TextBox 和 HyperLink 三种文本类控件。

3.2.1　Label 控件

有些文本并不希望用户进行修改，或者当触发事件时，某一段文本能够在运行时根据要求进行更改，这时可以使用 Label 标签控件。

拖动一个 Label 控件到页面上来，在 HTML 源视图页会自动生成一行对该控件的声明，代码如下所示：

```
<asp:Label ID="Label1" runat="server" Text="Label"></asp:Label>
```

上述代码中，声明了一个标签控件，并将这个标签控件的 ID 属性设置为默认值 Label1，ID 属性用来唯一标识控件。程序开发人员在编程过程中可以利用 ID 属性调用该控件的属性、方法和事件。在对所有控件的 ID 进行命名的时候，应该遵循良好的命名规范。由于该控件是服务器端控件，所以在控件属性中包含 runat＝"server"属性。

标签控件默认显示文本为 Label，即 Text 属性设置为 Label，开发人员可以通过三种方法进行控件属性的设置，第一种方法是通过 HTML 代码修改，第二种方法是通过属性窗口设置，最后也可以通过 CS 代码进行动态设置。

Label 控件的属性很多，除了常用的 Text 属性，还有一个很实用的属性 AssociatedControlID。在计算机操作中，一般都会对应不同快捷键实现相同的功能，利用 AssociatedControlID 属性就可以很容易实现控件快捷键功能，使用它可以把 Label 控件与窗体中另一个服务器控件，譬如文本框关联起来，具体功能实现参见实例 3-2。

实例 3-2　AssociatedControlID 属性的实例。

当按下 Alt＋N 键时，将激活用户名右边的文本框（txtName）；当按下 Alt＋P 键时，将激活密码右边的文本框（txtPassword），如图 3-4 所示。

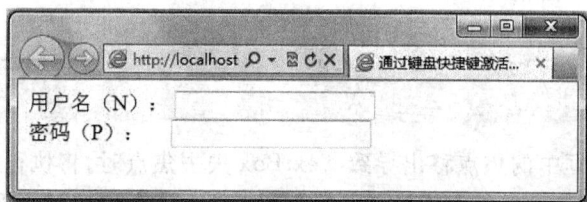

图 3-4　Label. aspx 浏览效果

关键的 HTML 代码如下：

```
<asp:Label ID="lblName" runat="server" AccessKey="N"
        AssociatedControlID="txtName" Text="用户名(N):"></asp:Label>
<asp:TextBox ID="txtName" runat="server"></asp:TextBox>
<br />
<asp:Label ID="lblPassword" runat="server" AccessKey="P"
        AssociatedControlID="txtPassword" Text="密码(P): "></asp:Label>
<asp:TextBox ID="txtPassword" runat="server"></asp:TextBox>
```

Label 控件是相对简单的控件，主要用于在特定位置显示文本内容，在 ASP. NET 中，Literal 控件和 Label 控件有相似的功能。页面解析时，Label 控件会呈现一个＜span＞标记，而 Literal 控件不在文本中添加任何 HTML，这样就使得 Literal 控件不支持包括位置在内的任何样式属性。但如果只是为了显示一般的文本或者 HTML 效果，不推荐使用 Label 控件，因为当服务器控件过多，会导致性能问题，使用 Literal 控件，能让页面解析速度更快。

3.2.2 TextBox 控件

默认的 TextBox 文本框控件是一个单行文本框，可以接收用户输入的信息，然后通过后台控制代码的处理，进行数据处理或与用户进行信息交互等任务。通过修改属性和使用扩展控件，可以使简单的 TextBox 控件开发出丰富多彩的功能。下面先介绍它的几个常用属性。

- TextMode：文本框的模式，SingleLine 为单行，MultiLine 为多行，Password 为密码，即用户输入的数据以·显示。
- MaxLength：用户输入的最大字符数。当开发者希望用户输入规定限制内的字符数时使用。
- ReadOnly：是否为只读。当设置为 true 时，文本框就不允许用户进行输入数据。
- Rows：作为多行文本框时所显示的行数。
- Columns：文本框的宽度。
- Wrap：文本框是否换行。

双击文本框控件会触发 TextChange 事件，表示当文本框控件中的字符变化后会发生的事件。默认情况下，文本框的 AutoPostBack 属性被设置为 false。当 AutoPostBack 属性被设置为 true 时，文本框的属性变化则会发生回传，TextChange 事件中的代码才会执行。示例代码如下所示。

```
protected void tb_title_TextChanged(object sender, EventArgs e)
//TextChange 事件
```

当用户将文本框中的焦点移出导致 TextBox 失去焦点时，将执行上述代码。

另外，还可以限制文本框只允许输入数字或字母，结合验证控件和正则表达式，可以对文本框的输入内容进行严格控制。同样通过结合第三方 AJAX 控件和 JavaScript 技术，可以实现文本框自动提示效果、自动补全效果等一系列复杂的动作。开发人员根据项目需要，可以自己学习实现。

3.2.3 HyperLink 控件

HyperLink 称为超链接控件，相当于实现了 HTML 代码中的"＜a href＝""＞＜/a＞"效果。

超链接控件通常使用的属性如下所示。

- ImageUrl：显示图像的 URL，即图像的位置。

- NavigateUrl：要跳转页面的 URL。
- Text：要显示的超链接文字，当设置了 ImageUrl 之后，Text 就不再显示。

HyperLink 控件实现的是超级链接的功能，但在使用中需要注意以下两点：

- HyperLink 控件不包含 Click 事件，要使用 Click 事件可用 LinkButton 控件代替；
- 在 HyperLink 中直接设置 ImageUrl 后，显示的图形尺寸是不可调的，若要改变图形尺寸，可配合使用 Image 控件。

3.3　按钮类控件

按钮类控件能够触发事件，或者将网页中的信息回传给服务器。在 Web 应用程序和用户交互时，常常需要提交表单、获取表单信息等操作，按钮类控件是非常必要的。

在 ASP.NET 中，包含 3 种按钮类控件，分别为 Button、LinkButton 和 ImageButton。这三种不同控件外观不一样，但本质上都是按钮，默认事件都为 Click 事件。

LinkButton 和 HyperLink 控件虽然外观相同，但实际上存在很大差异。首先是实现机制的不同，用户单击控件时，HyperLink 控件立即转向目标，表单不需回发到服务器端；而 LinkButton 需将表单发回给服务器，在服务器端处理页面跳转功能，这也是按钮类控件的共同点。另外一点就是实现页面跳转的方法不同，HyperLink 只需设置 NavigateUrl 就可以实现页面跳转，LinkButton 控件是在 Click 事件中使用 Response.Redirect 等方法实现页面跳转的。开发人员应该根据实际需求进行选择。

在一个页面中可能需要用到多个按钮类控件，为了提高用户体验性，一般会设置一个默认的焦点按钮，当用户按回车键时，相当于鼠标单击了该焦点按钮。设置方法是在 HTML 代码中给<form>标签增加一个 defaultButton 属性，其属性值为需要设置为焦点按钮的 ID 值，代码示例如下：

```
<form id="form1" runat="server" defaultbutton="OK">
```

另外，按钮的 Click 事件属于服务器端程序代码，有时需要在执行服务器代码之前先执行客户端脚本程序，譬如删除操作时，提醒用户是否确定删除，根据用户的选择结果决定是否执行服务器端的删除操作。这需要给按钮增加 onClientClick 事件，具体代码如下：

```
<asp:Button ID="Button1" runat="server" Text="删除" OnClick="Button1_
Click"
   OnClientClick="return confirm('确定删除吗？')"/>
```

3.4　图像类控件

网页中经常要用到图像，一般图像的展示只需要使用 HTML 标签<img>即可，在特殊情况下，图像的展示需要服务器端的程序功能设置，ASP.NET 中与图像有关的服务器控件为 Image 和 ImageMap,下面依次讲解。

3.4.1 Image 控件

Image 控件常用的属性如下。

- ImageAlign:获取或设置 Image 控件相对于网页上其他元素的对齐方式。
- ImageUrl:获取或设置 Image 控件中显示的图像的源位置。
- ToolTip:浏览器显式在工具提示中的文本。
- AlternateText:在图像无法显示时显示的备用文本。

其他属性(如宽度、高度、是否可显示、是否可用以及各种样式)的设置和选择如以下代码所示。

```
<asp:Image ID="Image1" runat="server"  ImageUrl="~/image/hello.gif"
    Height="198px" Width="209px"  AlternateText="图像不存在"   />
```

上述代码就是一个设置了宽度和高度的图像控件,并且图像的源为相对路径下的 hello. gif 文件。当图片无法显示的时候,图片将被替换成 AlternateText 属性中的文字。在实际浏览器中,该图像控件就被解释成<img src="" alt="">。当然也可以直接在源视图下手动用<img>代替图像控件。

注意:当双击图像控件时,系统并没有生成事件所需要的代码段,这说明 Image 控件不支持任何事件,如需要实现代码,可以替换使用 ImageButton 控件。

实例 3-3 Image 控件应用实例。

该实例利用 Image 控件实现不同图片的更换,并实现改变图片大小的功能。

新建一个 Web 页面,在该页面中放置一个 Image 控件、一个文本框控件和两个按钮,如图 3-5 所示,更改比例按钮 ID 名为 ChangeScale,将所需图片素材放于单独文件夹 images 中。为了降低程序难度,可将图片按照数字顺序命名,图片格式统一为 jpg 格式。

上一张　　下一张

请输入需要改变成的比例:　　　%　确定

图 3-5　前台设计

源代码如下:

```
public partial class Eg3_3: System.Web.UI.Page
{
    protected void Page_Load(object sender, EventArgs e)
    {
        if(!IsPostBack)
        {
            Image1.ImageUrl="~/images/1.jpg";      //设置初始化图片为第一张
```

```
            Preview.Enabled=false;
        }
}


    protected void ChangeScale_Click(object sender, EventArgs e)
    {
        if(TextBox1.Text !="")
        {

            Double w=Image1.Width.Value;
            Double h=Image1.Height.Value;
            Double s=Convert.ToDouble(TextBox1.Text)/100;
            Image1.Width=new Unit(w * s);
            Image1.Height=new Unit(h * s);

        }
    }


    protected void Preview_Click(object sender, EventArgs e)
    {
        Next.Enabled=true;                          //激活下一张按钮有效
        string s=Image1.ImageUrl;
        int x=s.IndexOf('.');         //以下四行代码实现读取当前图片文件名中的数字
        int y=s.LastIndexOf('/');
        int num=x-y-1;
        string fileName=s.Substring(y+1, num);
        int newFileName=int.Parse(fileName)-1;        //设置前一个图片
        if(newFileName==1)
        {
            Image1.ImageUrl="~/images/" +newFileName +".jpg";
            Preview.Enabled=false;
        }
        else
        {
            Image1.ImageUrl="~/images/" +newFileName +".jpg";
        }


    }


    protected void Next_Click(object sender, EventArgs e)
    {
        Preview.Enabled=true;                         //激活上一张按钮有效
        string s=Image1.ImageUrl;
        int x=s.IndexOf('.');          //以下四行代码实现读取当前图片文件名中的数字
```

```
    int y=s.LastIndexOf('/');
    int num=x-y-1;
    string fileName=s.Substring(y +1, num);
    int newFileName=int.Parse(fileName) +1;   //设置后一个图片
    if(newFileName==4)
    {
        Image1.ImageUrl="~/images/" +newFileName +".jpg";
        Next.Enabled=false;
    }
    else
    {
        Image1.ImageUrl="~/images/" +newFileName +".jpg";
    }
}
```

3.4.2 ImageMap 控件

在实际网页中经常会遇到这种情况,当鼠标在图像的不同区域进行移动的时候,会出现不同的链接地址,这就是图片热点。在 Dreamweaver 等网页设计工具中,提供了绘制工具,在所见即所得的窗口下,开发人员可以根据情况绘制热点区域,十分方便。在 ASP. NET 中,也提供了图片热点控件 ImageMap,它有 HotSpotMode 和 HotSpots 两个重要属性。

HotSpotMode(热点模式)常用选项如下所示。

* NotSet:未设置项。其实在实际应用中默认情况下会执行定向操作,定向到指定的 URL 位置。如果未指定 URL 位置,那默认将定向到自己的 Web 应用程序根目录。
* Navigate:定向操作项。定向到指定的 URL 位置。如果未指定 URL 位置,那默认将定向到自己的 Web 应用程序根目录。
* PostBack:回发操作项。当该项设置为 True 时,单击热点区域后,将执行后台的 Click 事件。
* Inactive:无任何操作,即此时形同一张没有热点区域的普通图片。

HotSpots(图片热点)属性对应着 System. Web. UI. WebControls. HotSpot 对象集合。HotSpot 类是一个抽象类,它之下有 CircleHotSpot(圆形热区)、RectangleHotSpot(方形热区)和 PolygonHotSpot(多边形热区)3 个子类。实际应用中,都可以使用上面 3 种类型来定制图片的热点区域。ImageMap 最常用的事件有 Click,通常在 HotSpotMode 为 PostBack 时用到。

由于 ImageMap 控件的功能和 Dreamweaver 中的图像热区功能相同,而且使用起来 Dreamweaver 的方法相对简单,建议没有特殊情况使用 Dreamweaver 的方法。

3.5　列表类控件

在 Web 开发中,经常使用列表控件来为用户提供有限项的数据选择,防止用户输入不存在的数据。这一方面可以限制用户随意输入数据,如地名、性别等,另一方面也可以简化用户的输入,避免经常性的输入。在 ASP. NET 中,主要包含 DropDownList、ListBox、CheckBoxList 和 RadioButtonList 四种列表控件。下面分别介绍。

3.5.1　DropDownList 控件

DropDownList(下拉列表)控件是我们最常用的控件之一,允许用户从预定义的下拉列表中选择且只能选择一项,如注册会员时的性别选择(男或女)。

对于列表项的预定义,可以通过三种方法实现:

(1) 利用属性面板中的 Items 属性进行设置。

在 Items 属性中可以添加多个 ListItem 项,每个 ListItem 项有 4 个属性,如图 3-6 所示。

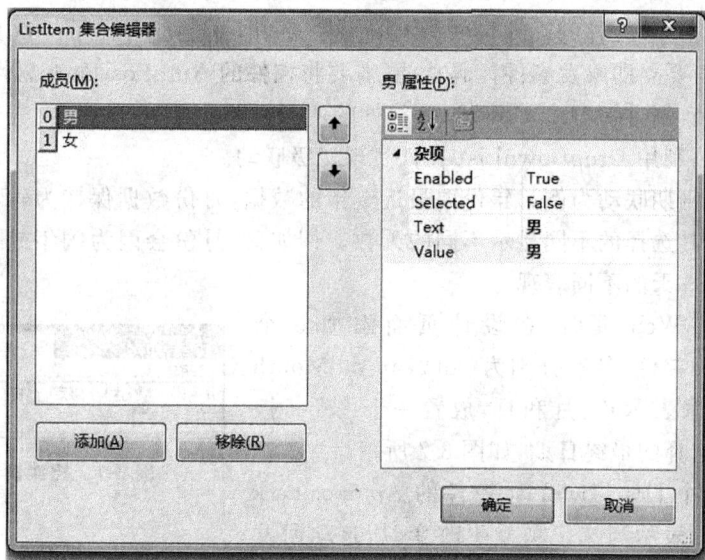

图 3-6　DropDownList 的 Items 集合编辑器

- Enable:是否可用。
- Selected:是否选中。选择 True 时,运行时默认被选中。
- Text:要显示的文本。
- Value:该项的值。

需要注意的是,默认情况下 Text 属性与 Value 属性一致,根据程序需要可设置 Text 属性为用户值,Value 值为程序值。

(2) 利用 DropDownList 对象的 Items. Add()方法动态生成列表项。

```
DropDownList1.Items.Add("浙江");
DropDownList1.Items.Add(new ListItem("浙江", "Zhejiang"));
```

需要注意的是，Add 方法只有一个参数时，表示 Text 和 Value 值一致；Add 方法有两个参数时，第一个参数表示 Text 值，第二个参数表示 Value 值。

相应地，还可以利用 Items.Remove()和 Items.Clear()方法对 Items 对象进行删除和清空。

通过属性 DataSource 设置数据源，再通过 DataBind()方法显示数据。该方法在第 9 章讲解数据库绑定时会涉及到。

DropDownList 控件的常用属性为：

- Selected：该属性值为布尔类型，用于判断列表项是否选中。
- SelectedItem：该属性表示选中列表项集合，该属性的下级属性包含 Text 或 Value。
- SelectedValue：该属性表示选中列表项的 Value 值。
- SelectedIndex：该属性表示选中列表项的下标值。DropDownList 的列表项本质是一个集合，第一项下标值为 0，使用 Itmes[下标值]也可定位该项。

DropDownList 控件的默认事件为 Changed 事件，此事件会在下一次页面回送时执行，所以如果需要立即触发事件代码功能，需要将控件的 AutoPostBack 属性设置为 true。下面通过一个实例讲解 DropDownList 控件的使用。

实例 3-4　利用 DropDownList 控件实现二级联动。

本实例以日期联动为例。年份取最近十年的数据，月份数据保持为 12 个月的数据，日期会根据年月选择的不同显示不同的天数。例如，二月份会因为闰年或平年的不同而出现 28 天或 29 天的不同表现。

（1）新建 Web 页面，在设计页面添加 3 个 DropDownList 控件，名称分别为 ddlYear、ddlMonth 和 ddlDay，用来表示年、月和日，放置一个 Label 控件，用于显示选择的最终日期，如图 3-7 所示。

图 3-7　控件设计效果

（2）将 3 个 DropDownList 控件的 AutoPostBack 属性设为 true，表示当选定项发生改变时，自动回发到服务器，并会立即执行后台 DropDownList 控件的 SelectedIndexChanged 事件。

（3）这 3 个下拉列表内容采用上述第二种方法，即代码方法动态添加，分别用 BindYear()、BindMonth()和 BindDay()方法实现绑定。代码如下：

```
protected void BindYear()
{
    //清空年份下拉列表中项
    ddlYear.Items.Clear();
    int startYear=DateTime.Now.Year-10;
```

```
    int currentYear=DateTime.Now.Year;
    //向年份下拉列表添加项
    for(int i=startYear; i<=currentYear; i++)
    {
        ddlYear.Items.Add(new ListItem(i.ToString()));
    }
    //设置年份下拉列表默认项
    ddlYear.SelectedValue=currentYear.ToString();
}


protected void BindMonth()
{
    ddlMonth.Items.Clear();
    //向月份下拉列表添加项
    for(int i=1; i<=12; i++)
    {
        ddlMonth.Items.Add(i.ToString());
    }
}


protected void BindDay()
{
    ddlDay.Items.Clear();
    //获取年份下拉列表选中值
    string year=ddlYear.SelectedValue;
    string month=ddlMonth.SelectedValue;
    //获取相应年月对应的天数
    int days=DateTime.DaysInMonth(int.Parse(year), int.Parse(month));
    //向日期下拉列表添加项
    for(int i=1; i<=days; i++)
    {
        ddlDay.Items.Add(i.ToString());
    }
}
```

（4）以上方法分别在 Page_Load、ddlYear_SelectedIndexChanged 和 ddlMonth_SelectedIndexChanged 事件中进行调用，代码如下：

```
protected void Page_Load(object sender, EventArgs e)
{
    //页面第一次载入,向各下拉列表填充值
    if(!IsPostBack)
```

```
    {
        BindYear();
        BindMonth();
        BindDay();
    }
}

protected void ddlYear_SelectedIndexChanged(object sender, EventArgs e)
{
    BindDay();
}
protected void ddlMonth_SelectedIndexChanged(object sender, EventArgs e)
{
    BindDay();
}
protected void ddlDay_SelectedIndexChanged(object sender, EventArgs e)
{
    Label1.Text="您选择的日期为："+ddlYear.SelectedValue+"年"+ddlMonth.
        SelectedValue+"月 "+ddlDay.SelectedValue+"日";
}
```

在实际项目开发中，还会经常使用 DropDownList 控件实现二级级联操作，甚至多级级联。由于级联操作需要加载的数据会很多而且还会变化，通常不会直接把所有数据都手动赋值或者在后台一个一个加载，而是调用数据库中的已有数据，或者利用第三方提供的资源（如 Web 服务），这样会大幅减少后台的代码量，资源利用也更合理。

3.5.2 ListBox 控件

DropDownList 和 ListBox 控件都允许用户从列表中选择项，区别在于 DropDownList 控件的列表在用户选择前处于隐藏状态，而 ListBox 控件的选项列表是可见的；DropDownList 控件只能单选，ListBox 控件既可单选，也可多选，设置 SelectionMode 属性为 Single 时，表明只允许用户从列表框中选择一个项目，而当 SelectionMode 属性的值为 Multiple 时，用户可以按住 Ctrl 键或使用 Shift 组合键从列表中选择多个数据项。

ListBox 控件的列表项增加方法、常用属性及事件，都与 DropDownList 控件相同，下面通过一个实例来讲解 ListBox 控件的使用。

实例 3-5 在 ListBox 控件之间实现数据项的移动。

下面示例实现两个 ListBox 间数据项的相互移动，且支持多项选择。

（1）新建 Web 窗体页面，添加两个 ListBox 控件。分别命名为 List_left 和 List_right。注意这两个列表框的 SelectionMode 属性均为 Multiple。两个 LinkButton 按钮分别命名为 MoveLeft 和 MoveRight，前台设计效果如图 3-8 所示。

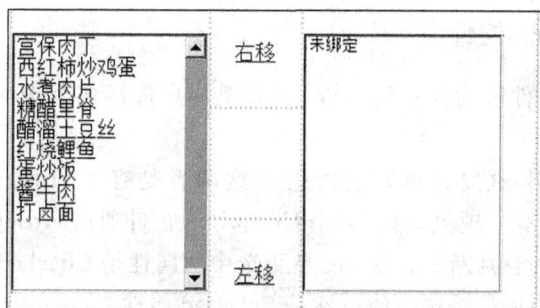

图 3-8　ListBox 前台设计效果

（2）创建移动方法 Move()，代码如下：

```
private  void Move(ListBox select,ListBox selected)      //自定义移动方法
{
    int[] indices=select.GetSelectedIndices();    //获取当前选中项的索引值数组
    if(indices.Length==0)                         //数组长度
    {
      Response.Write("<script>alert('您未选中任何项!')</script>");
                                                  //提示信息
      eturn;
    }
    else
    {
        for(int i=indices.Length-1; i>=0; i--)
        {
            selected.Items.Add(select.Items[indices[i]]);  //ListBox 增加项
            select.Items.Remove(select.Items[indices[i]]); //ListBox 删除项
        }
    }
}
```

（3）在左移和右移按钮 Click 事件中调用 Move 方法，代码如下：

```
protected void MoveRight_Click(object sender, EventArgs e)
{
    Move(List_left, List_right);
}

protected void MoveLeft_Click(object sender, EventArgs e)
{
    Move(List_right,List_left);
}
```

3.5.3　CheckBoxList 控件

CheckBoxList 控件称为复选组控件,当需要用户选择多个选择项时,复选组控件便可满足需求。

类似的有 CheckBox(复选框)控件,但是这两者是有区别的。CheckBox 控件没有 Items 属性,因为它只有一项供选择,多个 CheckBox 控件通过 GroupName 属性绑定到一起实现复选框组的功能;判断 CheckBox 是否选中的属性是 Checked,而 CheckBoxList 作为集合控件,判断列表项是否选中的属性是 Selected 属性。

拖动一个 CheckBoxList 控件到页面上,声明代码如下:

```
<asp:CheckBoxList ID="cbl_check" runat="server" AutoPostBack="True">
    <asp:ListItem>C#</asp:ListItem>
    <asp:ListItem>JAVA</asp:ListItem>
    <asp:ListItem>C++</asp:ListItem>
    <asp:ListItem>C</asp:ListItem>
    <asp:ListItem>PHP</asp:ListItem>
</asp:CheckBoxList>
<asp:Label ID="lb_select" runat="server"></asp:Label>
```

复选框最常用的事件是 SelectedIndexChanged,双击该控件系统自动生成该事件代码,处理过程如下:

```
protected void cbl_check_SelectedIndexChanged(object sender, EventArgs e)
{
    lb_select.Text="您选择的编程语言为: ";
    foreach(ListItem item in cbl_check.Items)   //循环检测 Items 中的每一项
    {
        if(item.Selected==true)                 //判断当前 item 的项是否选中
            lb_select.Text +=item.Text+" ";     //"+="运算累加各项的 Text 值
    }
}
```

上述代码中的 foreach 语句循环检测复选框控件的每一项 LisItem,并且判断每一项是否被选中,如果选中,就在标签控件原有的文本后增加当前选中项的文本值。运行效果如图 3-9 所示。

在实际工程项目中,一般把 CheckBoxList 的 AutoPostBack 属性值设置为 false,且不采用 CheckBoxList 的自身 Changed 事件,而是使用 Button 控件实现提交。

除了手动编写每项的值之外,复选框组控件也可以绑定数据源取得数据库中的数据。

图 3-9　浏览运行效果

3.5.4　RadioButtonList 控件

RadioButtonList 控件称为单选组控件,与 CheckBoxList 不同的是,它们可以为用户提供单项选择,例如性别的选择。与它有相同功能的还有单选控件 RadioButton,但单选控件只能提供一个选择项,而单选组控件可以提供多个选择项。另外,单选组控件所生成的代码也比单选控件实现相对较少。

RadioButtonList 控件的使用方法及属性设置与 CheckBoxList 控件很相似,只是功能上为单选与多选的区别,用户可以根据实际项目开发中所需的功能进行选择和使用。

3.6　容　器　控　件

Web 窗体上的容器控件,主要包括 Panel 控件、PlaceHolder 控件,以及控件组合 MultiView 和 View。下面分别进行介绍。

3.6.1　Panel 控件

Panel(面板)控件的作用是控制部分控件的整体输入输出,就好像是一些控件的容器,可以使其他控件包含在 Panel 控件里面,使用时直接拖动控件到 Panel 里便可,其主要属性如下。

- DefaultButton:面板的默认按钮。
- Direction:面板中文本的方向。
- GroupingText:群组显示的文本,通过编写 GroupingText 属性能够更加清晰地让用户了解 Panel 控件中服务器控件的类别。
- HorizontalAlign:设置面板内的水平对齐。
- ScrollBars:滚动条设置。其中 Horizontal、Vertical 是 IE 专用的。

实例 3-6　Panel 面板的显示与隐藏。

(1) 创建一个 Panel 控件,并在 Panel 控件里放置一个 Label 控件和一个 Textbox 控件,在 Panel 控件外放置一个 Button,如图 3-10 所示。

(2) Panel 控件初始状态为隐藏状态,通过按钮 bt_show 控制,实现面板的显示与隐藏状态。按钮事件的处理如下:

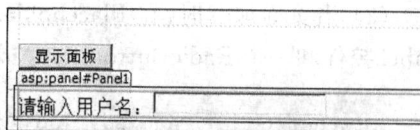

图 3-10　Panel 设计效果图

```
protected void bt_show_Click(object sender, EventArgs e)
{
    Panel1.Visible=!Panel1.Visible;        //更改面板的显示状态
    if(Panel1.Visible==true)
        bt_show.Text="隐藏面板";
    else
        bt_show.Text="显示面板";
}
```

（3）浏览器中的运行效果如图 3-11 所示。

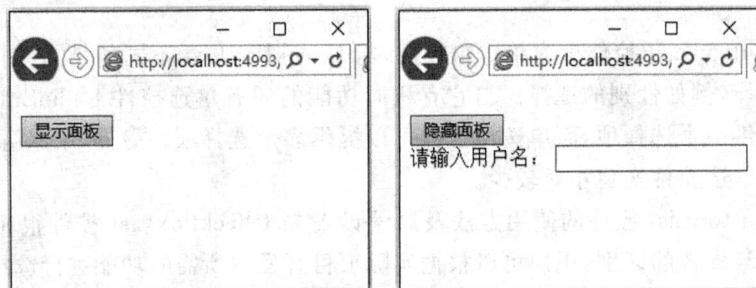

图 3-11 Panel 显示与隐藏效果

（4）当 Panel 控件中存在多个 Button 控件时，可以把 Panel 控件的 DefaultButton 属性设置为面板中某个按钮的 ID 值，当用户在面板中输入完毕，可以直接按回车键来传送表单。如果设置了 Panel 控件的高度和宽度，当 Panel 控件中的内容高度或宽度超过时，还能够自动出现滚动条。

3.6.2 PlaceHolder 控件

PlaceHolder（占位）控件的功能与 Panel 控件相似，都可以作为控件的容器来使用，但是不能直接把控件拖到 PlaceHolder 中，而是通过后台的编程处理来实现所要求的效果，当程序需要动态添加新控件时就必须用到 PlaceHolder 控件。

下面通过一个实例介绍当页面加载时动态生成控件的功能。

实例 3-7 Placeholder 应用实例。

（1）新建一个 Web 窗体页面，在页面放置一个 Placeholder 控件、一个 Button 控件和一个 Label 控件，如图 3-12 所示。

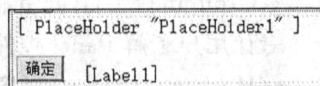

图 3-12 页面控件设计

（2）当页面加载时，在 Placeholder 中动态添加一个 Label 控件和一个 RadioButtonList 控件，Page_load() 事件的源代码如下：

```
protected void Page_Load(object sender, EventArgs e)
{
    Label question=new Label();
    question.ID="question";
    question.Text="1. Web 服务器控件不包括()";
    PlaceHolder1.Controls.Add(question);
    RadioButtonList answer=new RadioButtonList();
    answer.ID="answer";
    answer.Items.Add(new ListItem("A.Wizard", "A"));
    answer.Items.Add(new ListItem("B.input", "B"));
    answer.Items.Add(new ListItem("C.Adrotator", "C"));
    answer.Items.Add(new ListItem("D.Calender", "D"));
```

```
        PlaceHolder1.Controls.Add(answer);
    }
```

（3）按钮的单击事件用来显示 RadioButtonList 中的选项，代码如下：

```
protected void Button1_Click(object sender, EventArgs e)
{
    RadioButtonList choose=(RadioButtonList)PlaceHolder1.FindControl
    ("answer");
    if(choose.SelectedValue=="")
    {
        Label1.Text="请输入您的答案!";
    }
        else
    {
        Label1.Text="你选择了: "+choose.SelectedValue;
    }
}
```

（4）运行程序结果如图 3-13 所示。

图 3-13　运行结果

3.6.3　View 和 MultiView 控件

MultiView 控件是一组 View 控件的容器，使用它可定义一组 View 控件。MultiView 和 View 控件搭配使用可以制作出选项卡的效果，并提供了一种可方便显示信息的替换视图方式。

View 控件不能单独使用，必须放在 MultiView 控件内部，且每次只能显示一个 View 控件中的内容，即每次只有一个 View 控件为活动视图。而每个 View 控件都可包含子控件，因此可以说它们也是各种控件的容器。

MultiView 和 View 控件没有像其他控件那样多的属性或方法，经常用 ActiveViewIndex 属性或 SetActiveView 方法定义活动视图，第一个 View 的 ActiveViewIndex 属性值为 0，依次类推。如果 ActiveViewIndex 属性为空，则 MultiView 控件不向客户端呈现任何内容。

　　下列 HTML 代码定义使用了 MutiView 和 View 控件，其中一个 MultiView 控件中嵌套 3 个 View 控件，设置了 ActiveViewIndex 属性为 0，即第一个面板为活动状态，每个 View 控件中有两个按钮，分别设置了它们的 CommandArgument 属性和 CommandName 属性，用来控制不同 View 之间的切换，CommandName 和 CommandArgument 的设置方式如表 3-2 所示。

```
<asp:MultiView ID="MultiView1" runat="server" ActiveViewIndex="0">
  <asp:View ID="View3" runat="server">
      第一个 View
      <asp:Button ID="Button1" runat="server" CommandName="NextView"
      Text="第二个" />
      <asp:Button ID="Button2" runat="server" CommandArgument="2"
      CommandName="SwitchViewByIndex" Text="第三个" />
</asp:View>
<asp:View ID="View2" runat="server">
      第二个 View
      <asp:Button ID="bt2" runat="server" CommandName="NextView"
      Text="第三个" />
      <asp:Button ID="bt4" runat="server" CommandArgument="View3"
       CommandName="SwitchViewByID" Text="第一个" />
  </asp:View>
  <asp:View ID="View1" runat="server">
      第三个 View
      <asp:Button ID="bt3" runat="server" CommandName="PrevView"
      Text="第二个" />
      <asp:Button ID="Button3" runat="server" CommandArgument="0"
        CommandName="SwitchViewByIndex" Text="第一个" />
  </asp:View>
</asp:MultiView>
```

表 3-2　CommandName 和 CommandArgument 设置方式

CommandName 值	CommandArgument 值
NextView	（没有值）
PrevView	（没有值）
SwitchViewByID	要切换到的 View 控件的 ID
SwitchViewByIndex	要切换到的 View 控件的索引号

在浏览器中的显示效果如图 3-14 和 3-15 所示。

　　注意：在 MultiView 控件中，第一个被放置的 View 控件的索引为 0 而不是 1，后面的 View 控件的索引依次递增。MultiView 和 View 控件也可以实现导航效果，可以通过编程指定 MultiView 的 ActiveViewIndex 属性来显示相应的 View 控件。

图 3-14 按下第一个 view

图 3-15 按下第二个 view

3.7 向 导 控 件

Wizard 控件称为向导控件,主要用于搜集用户信息、配置系统等。例如用户的注册是需要若干步完成的,用户填完某一步的表单后,可以单击"下一步"按钮,也可以使用"上一步"按钮返回。Wizard 控件可以很容易地实现这种注册功能。Wizard 控件和 Multiview 控件类似,但是比 MultiView 控件更方便。Wizard 控件能够根据步骤自动更换选项,如在没有执行到最后一步时,会出现"上一步"或"下一步"按钮以便用户使用,当向导执行完毕时,则会显示"完成"按钮,极大地简化了开发人员的向导开发过程。下面介绍 Wizard 控件的重要属性和事件。

- ActiveStepIndex:显示当前是向导中的第几个步骤,在页面刚开始加载时,默认是 0。
- DisplaySideBar:当该属性设置为 true 时,则将整个流程的步骤全部显示在页面中。
- DisplayCancelButton:当该属性设置为 true 时,在每个页面中,都将显示一个"取消"按钮,要处理取消的事件,可以在 CancelButtonClick() 中编写代码。
- ActiveStepChanged:当从一个步骤转换到另一个步骤时,触发的事件。

PreviousButtonClick:当单击"上一步"按钮时触发的事件。

NextButtonClick:当单击"下一步"按钮时触发的事件。

FinishButtonClick:当单击"完成"按钮时触发的事件。

CancelButtonClick:当单击"取消"按钮时触发的事件。

下面为 Wizard 控件默认生成的代码:

```
<asp:Wizard ID="Wizard1" runat="server">
    <WizardSteps>
        <asp:WizardStep runat="server" title="Step 1">
        </asp:WizardStep>
        <asp:WizardStep runat="server" title="Step 2">
        </asp:WizardStep>
    </WizardSteps>
</asp:Wizard>
```

Wizard 控件默认生成两步,可以单击 Wizard 控件的 Wizardsteps 属性弹出集合编辑器窗口后进行编辑,如图 3-16 所示。

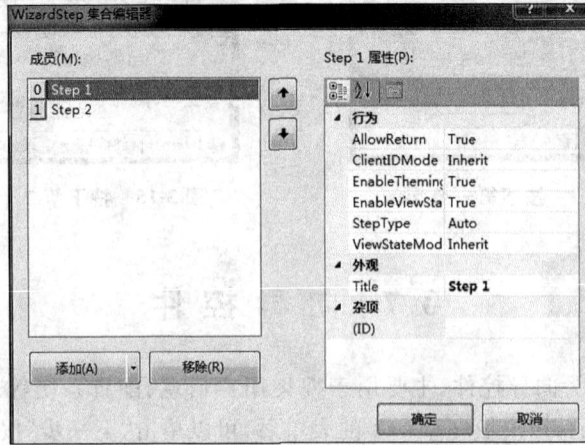

图 3-16 WizardStep 集合编辑器

Wizard 控件由 4 部分组成,如图 3-17 所示。

- 侧栏(SideBar):包含所有向导步骤的列表,这些列表内容来自 WizardStep 的 Title 属性值。对应的模板属性是 SideBarTemplate。
- 标题(Header):每个向导步骤提供一致的标题信息,对应的模板属性是 HeaderTemplate。
- 向导步骤集合(WizardSteps):Wizard 控件的核心,必须逐个为向导的每个步骤定义内容。
- 导航按钮(NavigationButton):呈现形式与每个 WizardStep 的属性 StepType 有关。

图 3-17 Wizard 控件结构

Wizard 向导控件还支持一些模板。用户可以配置相应的属性来配置向导控件的模板。用户可以通过编辑 StartNavigationTemplate 属性、FinishNavigationTemplate 属性、StepNavigationTemplate 属性以及 SideBarTemplate 属性来进行自定义控件的界面设定。这些属性的意义如下所示。

- StartNavigationTemplate:该属性指定为 Wizard 控件的 Start 步骤中的导航区域显示自定义内容。
- FinishNavigationTemplate:该属性为 Wizard 控件的 Finish 步骤中的导航区域指定自定义内容。
- StepNavigationTemplate:该属性为 Wizard 控件的 Step 步骤中的导航区域指定自定义内容。
- SideBarTemplate:该属性为 Wizard 控件的侧栏区域中指定自定义内容。SideBarTemplate 必须包含 ID 为 SideBarList 的 ListView 控件或 DataList 控件才能启用侧栏导航功能。

实例 3-8　Wizard 控件向导实例。

（1）新建 Web 窗体页面，在该页面中放置一个 Wizard 控件，根据 WizardStep 集合编辑器编辑步骤，并且在每个 Step 中放置所需要的控件，具体设计如图 3-18～图 3-21 所示。

图 3-18　Step1 浏览效果

图 3-19　Step2 浏览效果

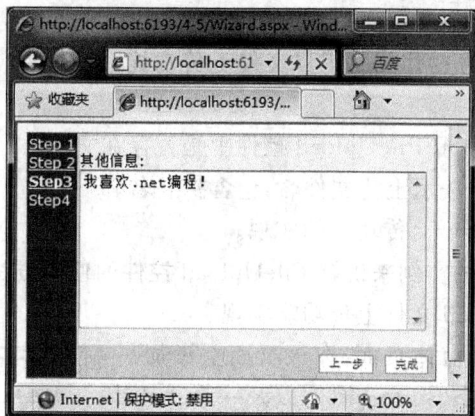

图 3-20　Step3 浏览效果

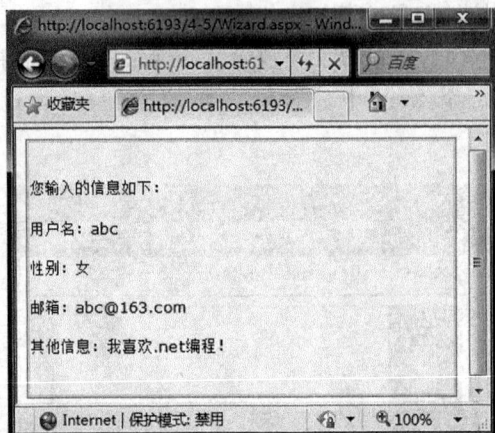

图 3-21　Step4 浏览效果图

（2）Wizard 控件自动套用了名为"简明型"的格式，设置了 4 个步骤，第三个步骤的 StepType 属性设置为 Finish，最后一个步骤的 StepType 属性设置为 Complete。在第三个步骤的"完成"按钮事件（双击 Wizard 控件即可自动生成）的处理过程如下：

```
protected void Wizard1_FinishButtonClick(object sender, WizardNavigation_
EventArgs e)
{
    lb_name.Text=tb_name.Text;
    lb_email.Text=tb_email.Text;
    lb_other.Text=tb_other.Text ;
    lb_sex.Text=ddl_sex.SelectedItem.ToString();
}
```

3.8　其　他　控　件

3.8.1　FileUpload 控件

FileUpload 控件的主要作用是提供文件上传功能。该控件使用较为简单，主要设计的属性和方法如下：

- HasFile 属性：表示 FileUpload 控件中是否存在文件。
- FileName 属性：表示上传文件名，包含扩展名。
- SaveAs 方法：用于上传功能的实现。

下面通过一个具体的实例来讲解 FileUpload 控件的使用方法。

实例 3-9　FileUpload 文件上传功能实现。

（1）新建一个 Web 窗体页面，在该页面上添加一个 FileUpload 控件、一个 Button 控件以及一个 Label 控件，设计如图 3-22 所示。

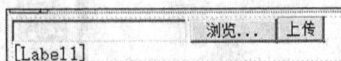

图 3-22　页面设计图

（2）在解决方案资源管理器中新建一个文件夹，用于接收保存上传的文件。给"上传"按钮添加 Click 事件代码。

```
if(FileUpload1.HasFile)
{
    try
    {
        FileUpload1.SaveAs(Server.MapPath("~/FileSave/")+FileUpload1.
        FileName);
        Label1.Text="上传文件名为："+FileUpload1.PostedFile.FileName+"<br>"
            +"文件大小为："+FileUpload1.PostedFile.ContentLength+"kb<br>"
            +"文件类型为"+FileUpload1.PostedFile.ContentType;
    }
        catch{}
}
```

该段上传功能较为简单，上传文件名为客户端本地文件名，这样可能会因为上传文件重名，而导致上传功能失败。可通过将上传到服务器的文件随机命名的方法来解决，感兴趣的读者可结合随机数编程来实现。

3.8.2　AdRotator 控件

上网浏览网页的时候，经常会遇到很多的广告，在 ASP．NET 中也提供了广告控件 AdRotator。AdRotator 控件提供了一种在 ASP．NET 网页上显示广告的简便方法，该控件会显示用户需要展现的图像。

AdRotator 控件可以从数据源（通常是 XML 文件或数据库表）提供的广告列表中自动读取广告图片 URL。每次刷新页面时，AdRotator 控件会按加权随机选择广告。加权控制广告条的优先级别，这可以使某些广告的显示频率比其他广告高。AdRotator 控件最常用的属性就是 AdvertisementFile，用来指定数据源文件，通常使用 XML 文件。

下面是 XML 文件的格式示例：

```xml
<?xml version="1.0" encoding="utf-8" ?>
<Advertisements>
    <Ad>
        <ImageUrl>sina.bmp</ImageUrl>
        <NavigateUrl>http://www.sina.com.cn</NavigateUrl>
        <AlternateText>新浪</AlternateText>
        <Keyword>门户</Keyword>
        <Impressions>10</Impressions>
    </Ad>
        <Ad>
            <ImageUrl>netease.bmp</ImageUrl>
            <NavigateUrl>http://images/www.sohu.com</NavigateUrl>
```

```
        <AlternateText>网易</AlternateText>
        <Keyword>门户</Keyword>
        <Impressions>10</Impressions>
    </Ad>
    <Ad>
        <ImageUrl>qq.bmp</ImageUrl>
        <NavigateUrl>http://www.qq.com</NavigateUrl>
        <AlternateText>腾讯</AlternateText>
        <Keyword>门户</Keyword>
        <Impressions>10</Impressions>
    </Ad>
</Advertisements>
```

从上述代码可以看出,只有一对<Advertisements></Advertisements>标签,内部
包含多对<Ad></Ad>标签,每一对里可以分别设置标签的元素。

注意:要区分 XML 文件的格式以及节点的大小写!

XML 文件的标签元素如下。

- ImageUrl:指定一个图片文件的相对路径或绝对路径,当没有 ImageKey 元素与 OptionalImageUrl 匹配时则显示该图片。
- NavigateUrl:当用户单击广告没有 NavigateUrlKey 元素与 OptionalNavigateUrl 元素匹配时,会将用户发送到该页面。
- AlternateText:该元素用来替代 IMG 中的 ALT 元素。
- KeyWord:用来指定广告的类别。
- Impression:该元素是一个数值,指示轮换时间表中该广告相对于文件中的其他 广告的权重。数字越大,显示该广告的频率越高。XML 文件中所有 <Impressions>值的总和不能超过 2 047 999 999。否则,AdRotator 控件将引发 运行时异常。
- StartDate:可选项,为广告开始展示时间。
- EndDat:可选项,为广告结束展示时间。

指定 AdRotator 控件的 AdvertisementFile 属性值为上面所示的 XML 文件。在浏
览器中的运行,通过按 F5 键进行模拟刷新,每次就会根据加权随机显示 XML 文件中定
义好的图像,效果参考图 3-23 和图 3-24。

图 3-23　运行结果(1)

图 3-24　运行结果(2)

3.8.3 Calendar 控件

Calendar(日历)控件通常在博客、论坛等程序中使用,Calendar 控件不仅仅只是显示了一个日历,用户还能够通过 Calendar 控件进行时间的选取。在传统 Web 开发中,Calendar 控件的实现十分复杂,而 ASP.NET 提供了强大的 Calendar 控件来简化日历的开发。Calendar 控件能够实现日历的翻页、日历的选取以及数据的绑定,开发人员能够在博客、OA 等应用的开发中使用 Calendar 控件从而减少日历应用的开发。下面介绍 Calendar 控件的一些属性和事件。

- SelectionMode:获取或设置 Calendar 控件上的日期选择模式,该模式指定用户可以选择单日、一周还是整月。
- DayNameFormat:获取或设置一周中各天的名称格式,默认值为 Short。
- FirstDayOfWeek:获取或设置将在日历的第一列中显示的一周中的某一天,默认值为 Sunday。
- NextPrevFormat:获取或设置 Calendar 控件的标题部分中下个月和上个月导航元素的格式。
- DayRender 事件:DayRender 事件是在正呈现 Calendar 控件时引发的,不能添加如 Button 这样的也能引发事件的控件,只能添加静态控件,如 Label、Image 和 HyperLink。
- SelectionChanged 事件:用户更改选择时激发,为 Calendar 控件的默认事件。
- VisibleMonthChanged 事件:用户更改可见月时激发。

下面通过一个实例来简单认识 Calendar 控件的使用。

实例 3-10 给 Calendar 控件添加节日。

该实例实现给简单的 Calendar 控件增加几个节日文字。

(1) 新建一个 Web 窗体页面,在该页面中添加一个 Calendar 控件,可以选择自动套用格式;再添加一个 Label 控件,用来显示选择的日期。

(2) 因为节日的出现是要在 Calendar 控件呈现时同时出现,不再需要其他控件的事件触发,所以在 Calendar 的 DayRender 事件实现添加节日的功能,注意 DayRender 事件不是 Calendar 的默认事件,需要在事件窗口中选择并双击生成,代码如下:

```
protected void Calendar1_DayRender(object sender, DayRenderEventArgs e)
{
    string[,] myday=new string[13,32];
    myday[1, 1]="元旦";
    myday[2, 14]="情人节";
    myday[3, 8]="妇女节";
    myday[4, 1]="愚人节";
    myday[4, 5]="清明节";
```

```
myday[5, 1]="劳动节";
myday[6, 1]="儿童节";
string s=myday[e.Day.Date.Month, e.Day.Date.Day];
if(s!=null)
    e.Cell.Controls.Add(new LiteralControl("<br>"+s));
}
```

运行效果如图 3-25 所示。

图 3-25 运行效果

(3) ASP.NET 提供的 Calendar 控件功能有限,当然开发人员可以通过编程处理实现自己想要的效果。还有一些第三方的日历控件,提供了不同的功能样式风格。例如, AjaxControlTookit 中的 CalendarExtender 扩展控件,结合 TextBox 文本框控件可以直接实现日期的选择,读者可以自行练习使用。

3.9 本 章 小 结

本章讲解了 ASP.NET 中常用的标准控件,一个网站不是由某一两个控件能够实现完成的,这需要不同控件的组合,合理搭配使用,才能发挥出更好的效果。

这些常用控件的本质都是相似的,学习的时候要多实践,分析观察不同控件的不同属性和方法事件。这会极大提高学习新控件的效率,同时当开发人员水平达到一定程度时,也可以设计自己需要的控件。这些都需要建立在对控件原理十分清楚的基础之上。

ASP.NET 中常用的控件,虽然极大地提高了开发人员的效率,但是同时也产生了两方面的弊端。一是对于开发人员而言,这些控件制约了开发人员的学习,人们虽然能够经常使用 ASP.NET 中的控件来创建强大的多功能网站,却不能深入了解控件的原理,所以对这些控件的熟练掌握,是了解控件的原理的第一步。二是本章介绍的均是服务器控件,如果网站页面上采用了很多服务器控件,同时服务器的访问量也达到一定程度时,对服务器的影响很大,网站的运行速度会变慢,效率变低。所以,开发人员要合理选择合适的控件进行布局选择。

习 题

1. 简述标签＜a＞、LinkButton 控件和 HyperLink 控件的区别。

2. 简单实现登录和注册功能页面,选择不同的角色进入不同的页面,查看不同的内容(如游客、会员、管理员这 3 种身份)。

3. 使用 FileUpload 实现任意文件上传功能,要求上传至服务器后的文件名为 6 位随机数,文件类型不变。

4. 给 TextBox 控件增加 AJAX 扩展包功能中的 Calendar 控件。

第4章

ASP.NET 内置对象

在 Web 应用程序运行时,ASP.NET 将维护有关当前应用程序、每个用户会话、当前 HTTP 请求、请求的页等方面的信息。ASP.NET 包含一系列类,用于封装这些上下文信息,这些类即为内置对象。

ASP.NET 包括 6 个内置对象,分别是 Request、Response、Server、Cookies、Session、Application。这些对象使得用户更容易收集通过浏览器请求发送的信息、相应浏览器以及存储用户信息,以实现其他特定的状态管理和页面信息的传递。这些内置对象都是实例化对象,使用时不需要再使用 new 来实例化。

4.1 Response 对象

Response 对象封装了服务器向客户端响应的信息,用来发送信息到客户端,并对发送过程进行控制。

Response 对象的基本语法:

```
Response [.属性|方法];
```

属性和方法这两个参数只能选择一个。常用的属性或方法如表 4-1 所示。

表 4-1　Response 对象常用属性或方法

属性/方法	说　　明
Buffer 属性	逻辑值,true 表示先输出到缓冲区,在处理完整个响应后再将数据输出到客户端浏览器;false 表示直接将信息输出到客户端浏览器
Write()	在页面上输出信息
Redirect()	页面重定向,可通过 URL 附加查询字符串在不同网页之间传递数据
Flush()	立刻输出缓冲区中的网页
Clear()	当属性 Buffer 值为 true 时,Response.Clear()表示清除缓冲区中数据信息
End()	终止 ASP.NET 应用程序的执行

实例 4-1　Response.Write()方法示例。

下面的示例中,将使用页面的 Response 对象输出 4 行不同大小的字符串"我喜欢 ASP.NET!"。

（1）新建一个 Web 窗体，在页面加载事件中，输入如下代码。

```
protected void Page_Load(object sender, EventArgs e)
{
    Response.Write("<center>");
        for(int i=1; i<=4;i++)
        {
            Response.Write("<p><font size=" +i +">我喜欢 ASP.NET! </font><
/p>");
        }
        Response.Write("</center>");
}
```

（2）按 F5 键启动应用程序，运行结果如图 4-1 所示。

实例 4-2 Response. Redirect()方法示例。

本示例将使用 Response 对象的 Redirect()方法进行页面跳转。

（1）新建一个 Web 窗体，添加两个按钮。将按钮的 Text 属性分别设置为"单击此处转到百度"和"单击此处转到实例 4-1"按钮代码如下。

```
protected void Button1_Click(object sender, EventArgs e)
{
    Response.Redirect("http://www.baidu.com");
}

protected void Button2_Click(object sender, EventArgs e)
{
    Response.Redirect("~/Eg4_1.aspx");
}
```

（2）按 F5 键启动应用程序，单击按钮，并查看运行结果，结果如图 4-2 所示。

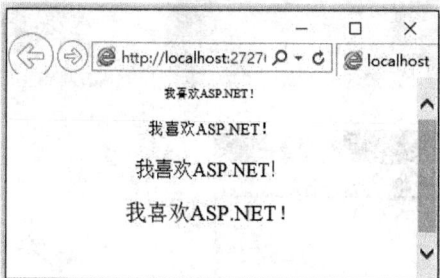

图 4-1 运行结果图

图 4-2 使用 Response. Redirect()方法进行页面跳转

（3）Response. Rederect 在默认情况下是在本页跳转，除了在 Java Script 中用 window. open 或给 form 指定 Target 属性，那么本页面中所有的 Response. Rederect 都将在新的窗口中打开。代码如下：

```
protected void Page_Load(object sender, EventArgs e)
{
    form1.Target="_blank";
}
```

或

```
<form id="form1" runat="server" target="_blank">
```

实例 4-3　Buffer、Flush()、End()和 Clear()综合实例。

下面代码实现了 for 循环输出数字,综合运用了 Buffer 属性和 Flush()、End()、Clear()
种方法,该程序运行结果如图 4-3 所示。

```
protected void Page_Load(object sender, EventArgs e)
{
    Response.Buffer=true;
    for(int i=1;i<=100;i++)
    {
        Response.Write(i);
        if(i%10==0)
        {
            Response.Write("<br>");
            Response.Flush();
        }
        else if(i>=50)
        {
            Response.Write("I值大于50停止输出!");
            Response.Clear();
            Response.End();
        }
    }
    Response.Write("程序结束!");
}
```

图 4-3　运行结果

本实例中的 Buffer 属性可以设置为 false,运行结果就会截然不同,读者可自行测试,对比理解 Buffer 属性的作用。

4.2　Request 对象

Request 对象封装了客户端向服务器发送的请求信息,用来获取从客户端提交和上传的信息。具体来说,当用户通过浏览器提交数据时,Web 服务器就会收到其 HTTP 请求。请求信息既包括用户的请求方式(如 POST、GET)、参数名、参数值等,又包括客户端的基本信息(如浏览器类型、版本号、用户所用的语言及编码方式等),这些信息将被整合在一起,封装在 Request 对象中。通过 Request 对象,便可以访问这些数据。

Request 基本语法:

```
Rquest[.集合|属性|方法];
```

其中集合、属性、方法三个只能选择一个,也可以 3 个都不要。

例如,Request. QuerySring["id"]表示获取 URL 后面参数名为 id 值;Request["id"]也表示获取 id 参数值,但 ASP. NET 会遍历 QuerySring、Form、Cookie 等数据集合检索此参数,建议指定数据集合的名称,提高效率;Request. totalBytes 表示从客户端接收的数据大小,单位为字节。

Request 对象常用属性和方法,如表 4-2 所示。

表 4-2　Request 对象常用属性和方法

属性/方法	说　　明
QueryString	从查询字符串中读取用户提交的数据
Form	从表单中读取用户提交的数据
Cookies	获得客户端的 Cookies 数据
FilePath	获取当前请求的虚拟路径
Browser	获得客户端浏览器信息
ServerVariables	获得服务器端或客户端环境变量信息
ClientCertificate	获得客户端的身份验证信息

Request 对象的功能就是从客户端得到数据。常用的两种取得数据的方法是 Request. Form 和 Request. QueryString,下面通过一个实例来说明这两种方法的使用。

实例 4-4　Request 应用实例。

(1) 新建一个 Web 窗体页面(Eg4_4_1. aspx),在该页面放置两个文本框和一个下拉列表,用于采集用户信息,将其分别命名为 Name、Age、Sex;另外添加一个 Panel 控件,在 Panel 中添加三个 Literal 控件显示三个信息数据,分别命名为 Lt_Age、Lt_Name、Lt_Sex,Panel 控件的 Visible 属性初始化为 false;两个按钮代表实现两种不同方法传递数据。设计页面如图 4-4 所示。

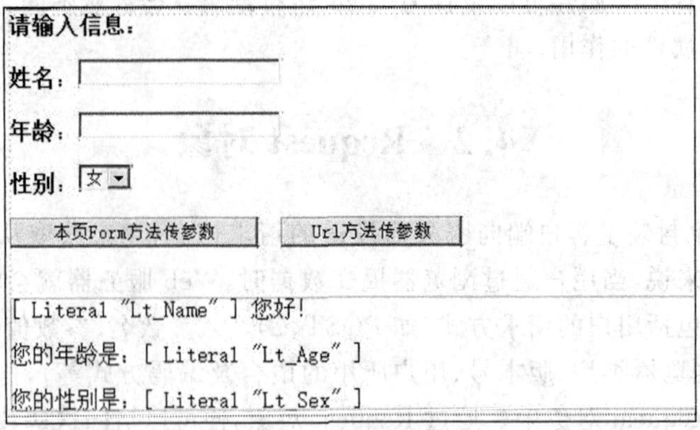

图 4-4　页面设计

（2）首先实现"本页 Form 方法传参数"按钮的功能，在该按钮的 Click 事件中添加代码如下：

```
protected void Button1_Click(object sender, EventArgs e)
{
    Panel1.Visible=true;
    Lt_Name.Text=Request.Form["Name"].ToString();
    Lt_Age.Text=Request.Form["Age"].ToString();
    Lt_Sex.Text=Request.Form["Sex"].ToString();
}
```

（3）运行结果如图 4-5 所示。

（4）再新建一个 Web 窗体文件（Eg4_4_2.aspx），控件设计和 Panel 面板内容一致，如图 4-6 所示。

图 4-5　运行结果图

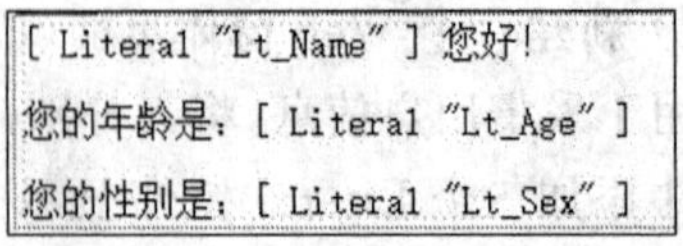

图 4-6　第二个页面设计图

（5）在 Eg4_4_1.aspx 页面中添加按钮"Url 方法传参数"事件代码如下：

```
protected void Button2_Click(object sender, EventArgs e)
{
    string myName=Name.Text;
    string myAge=Age.Text;
    string mySex=Sex.SelectedValue;
    Response.Redirect("~/Eg4_4_2.aspx?name=" +myName +"&age=" +myAge +"
    &sex=" +mySex);
}
```

（6）Eg4_4_2.aspx 页面的 Page_Load 事件中，添加如下代码实现读取 URL 中参数的功能。

```
protected void Page_Load(object sender, EventArgs e)
{
    Lt_Name.Text=Request.QueryString["name"].ToString();
    Lt_Age.Text=Request.QueryString["age"].ToString();
    Lt_Sex.Text=Request.QueryString["sex"].ToString();
}
```

（7）从 Eg4_4_1.aspx 页面运行，输入数据，单击按钮并查看运行结果。结果如图 4-7 所示。

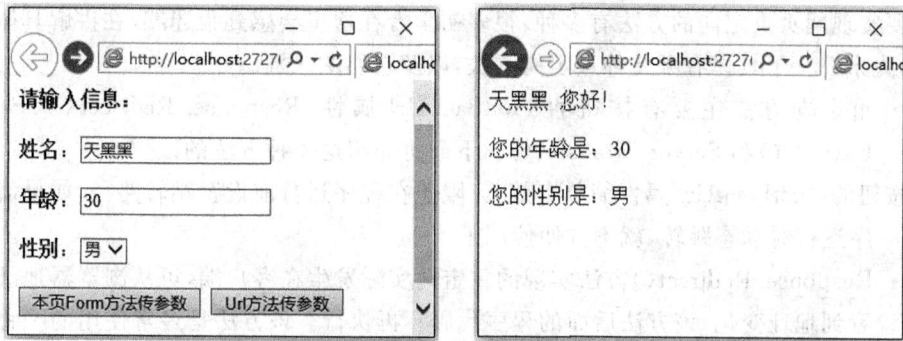

图 4-7　URL 传参数运行结果

（8）总结，Form 方法和 URL 方法在本质上有所不同，Form 采用的是 Post 方法，参数隐式传递，较为安全，但是需要 JavaScript 程序的支持；URL 传递参数较为简单，采用 GET 方法，参数在 URL 中默认以明文的方式显示，如果传递的值少且安全性要求不高，URL 方式还是不错的一种方法。如果用户不想使用 URL 传数据而且也不想进行 JavaScript 编程时，该如何处理呢，可以用到后续章节中的方法或对象实现。

4.3 Server 对象

在开发 ASP.NET 应用时,需要对服务器进行必要的设置,如服务器编码方式等;或者获取服务器的某些信息,如服务器计算机名、页面超时时间、获取网页的物理路径等,这可以通过 Server 来获取服务器的相关信息。Server 对象常用属性和方法如表 4-3 所示。

表 4-3 Server 对象常用属性和方法表

属性/方法	说　　明
MapPath	返回与 Web 服务器上的指定虚拟路径相对应的物理文件路径
ScriptTimeOut	获取和设置请求超时(以秒计)
Execute	将控制传递给子页面,执行之后将返回到父页面
Transfer	重定向到一个新页面
HtmlDecode	对已被编码的字符串进行解码
HtmlEncode	对要在浏览器中显示的 HTML 字符串进行编码
UrlDecode	对字符串进行解码,以便于进行 HTTP 传输,并在 URL 中发送到服务器
UrlEncode	编码字符串,以便通过 URL 从 Web 服务器到客户端进行可靠的 HTTP 传输

实例 4-5 多种重定向方法综合实例。

要实现网页重定向的方法有多种,很多初学者在这里会感到很迷惑,在讲解具体实例之前,先来看一下具体有哪几种重定向方法,以及它们的区别。

- 重定向方法主要有按钮的 PostBackUrl 属性、Response.Redirect()、Server.Execute()和 Server.Transfer()。下面将介绍这 4 种方法的区别。

按钮的 PostBackUrl 属性简单有效,只限于在程序运行前设置跳转路径,如果需要程序运行时动态跳转,就不方便使用了。

- Response.Redirect()方法实现的重定向实际发生在客户端,可从浏览器地址栏中看到地址变化,该方法后面的程序代码不再执行。该方法是最常使用的一种跳转方法。

- Server.Execute()方法实现的重定向实际发生在服务器端,在浏览器的地址栏中看不到地址变化;而且该方法执行完新网页功能后,会返回原网页继续执行程序代码。

- Server.Transfer()方法与 Server.Execute()一样,也是发生在服务器端,看不到地址栏的变化,但不同的是执行完新网页后,并不返回原网页。

- Redirect()方法可重定向到同一网站的不同网页,也可重定向到其他网站的网页;而 Execute()和 Transfer()方法只能重定向到同一网站的不同网页。

下面通过实例来认识它们的区别。

（1）新建两个 Web 窗体，分别命名为 Eg4_5_1.
aspx 和 Eg4_5_2.aspx。在 Eg4_5_1.aspx 页面中放置
4 个按钮，分别命名为 btnPostBackUrl、btnRedirect、
btnExecute 和 btnTransfer。用于测试 4 种不同跳转
功能，设计如图 4-8 所示；在 Eg4_5_2.aspx 页面中输
入普通文本内容"欢迎您的到来，我是跳转目标页。"。

（2）btnPostBackUrl 按钮只需在属性面板中设置
PostBackUrl 属性为"～/Eg4_5_2.aspx"即可，另外三
个按钮添加 Click 事件代码如下：

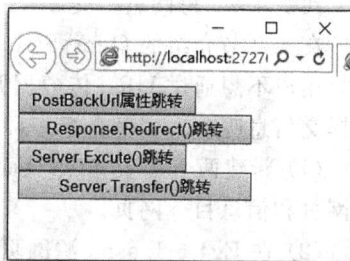

图 4-8　页面设计

```
protected void btnRedirect_Click(object sender, EventArgs e)
{
    Response.Redirect("~/Eg4_5_2.aspx");
}
protected void btnExecute_Click(object sender, EventArgs e)
{
    Server.Execute("~/Eg4_5_2.aspx");
}
protected void btnTransfer_Click(object sender, EventArgs e)
{
    Server.Transfer("~/Eg4_5_2.aspx");
}
```

（3）运行程序，前两个按钮结果如图 4-9、第三个按钮结果如图 4-10、第四个按钮结果
如图 4-11 所示。

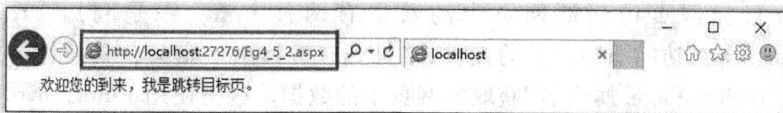

图 4-9　PostBackUrl 和 Redirect() 方法运行结果

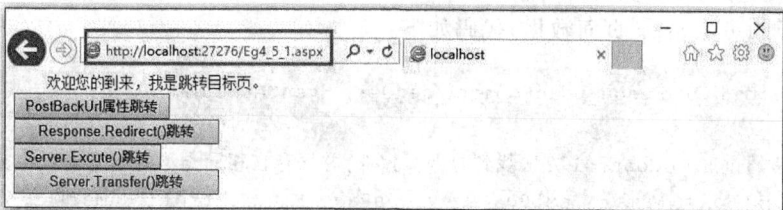

图 4-10　Execute() 方法执行之后的页面

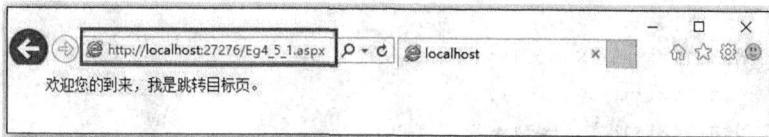

图 4-11　Transfer() 方法执行之后的页面

实例 4-6　跨网页提交。

在 4.2 节介绍的 QueryString 方法，带参数可以实现将信息传递到另一个页面上，但如果用户不想通过 URL 传数据并且不想进行 JavaScript 编程时，该如何处理这样的跨网页提交信息呢？本实例介绍一种跨页方法，步骤如下。

（1）新建两个 Web 窗体页面，分别命名为 Eg4-6-1.aspx 和 Eg4-6-2.aspx，作为信息源网页和信息目标网页。

（2）在 Eg4-6-1.aspx 源网页中，设计网页格式如图 4-12 所示，按钮可采用实例 4-5 中的方法实现重定向（建议采用 PostBackUrl 属性或 Redirect 方法设置）。

（3）设计 Eg4-6-2.aspx 目标网页如图 4-13 所示，另外在 HTML 页面头部添加 PreviousPageType 指令，设置 VirtualPath 属性为源页面路径，代码如下：

```
<%@ PreviousPageType VirtualPath="~/Eg4-6-1.aspx" %>
```

图 4-12　Eg4-6-1.aspx 页面设计　　　　图 4-13　Eg4-6-2.aspx 页面设计

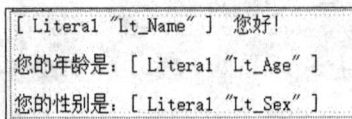

（4）从目标网页访问源网页中的数据有两种方法：一是利用 PreviousPage.FindControl()方法访问源网页上的控件；二是先在源网页上定义公共属性，再在目标网页上利用"PreviousPage.属性名"获取源网页中的数据。这里使用 FindControl 的方法获取，有兴趣的读者可以结合第 2 章知识点，使用公共属性的方法来获取。

（5）在 Eg4-6-2.aspx 页面的 Page-Load 事件中，利用 PreviousPage.FindControl() 方法获取 Eg4-6-1.aspx 页面数据，代码如下：

```
protected void Page_Load(object sender, EventArgs e)
{
    //通过 FindControl 方法找到源网页控件，并保存在相同类型的临时类对象实例中
    TextBox myName= (TextBox)PreviousPage.FindControl("Name");
    TextBox myAge= (TextBox)PreviousPage.FindControl("Age");
    DropDownList mySex=(DropDownList)PreviousPage.FindControl("Sex");

    Lt_Name.Text=myName.Text;
    Lt_Age.Text=myAge.Text;
    Lt_Sex.Text=mySex.SelectedValue;
}
```

（6）运行程序，结果如图 4-14 所示。

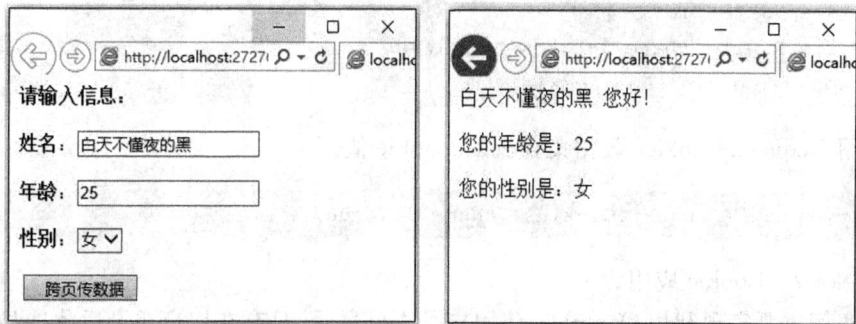

图 4-14　运行结果图

注意：在第一步实现重定向时，如果采用的是 Server 的两种方法，即 Server. Execute()
或 Server. Transfer() 方法时，目标网页也是通过 PreviousPage 访问源网页。那么，如何
区分是跨网页提交，还是调用了 Server. Execute() 或 Server. Transfer() 方法呢？这就需
要在目标网页的 .cs 文件增加判断语句 if(PreviousPage. IsCrossPagePostBack)。如果是
跨网页提交，那么属性值为 true，否则，为 false。

4.4　Cookie 对象

Cookie 实际上是 Web 页面放置在硬盘上的一个文本文件，用来存放如站点、客户、
会话等有关的信息，不能作为代码执行，也不会传送病毒，而且大多数经过了加密处理。
Cookie 文本文件存储位置根据操作系统的不同而不同。当用户访问不同站点时，各个站
点都可能会向用户的浏览器发送一个 Cookie，浏览器会分别存储所有的 Cookie。注意：
Cookie 与网站关联，而不与特定的网页关联，而且只能保存字符串类型的数据，生命周期
最长为 50 年。

Cookie 有两个常用的属性，即 Value 和 Expires。属性 Value 用于获取或设置
Cookie 值，Expires 用于设置 Cookie 到期时间。每个 Cookie 一般都会有一个有效期限，
当用户访问网站时，浏览器会自动删除过期的 Cookie。没有设置有效期的 Cookie 将不会
保存到硬盘文件中，而是作为用户会话信息的一部分，当用户关闭浏览器时，Cookie 就会
被丢弃。这种类型的 Cookie 很适合用来保存只需短时间存储的信息，或者保存由于安全
原因不应写入客户端硬盘文件的信息。

Cookie 的创建需要用到 Response 对象，获取用到 Request 对象。创建方法有两种：
（1）使用 Response. Cookies 数据集合建立 Cookie。

```
Response.Cookies["Name"].Value="张三";
Response.Cookies["Name"]. Expires=DateTime.Now.AddDays(1);
```

（2）先创建 HttpCookie 对象，设置其属性，然后通过 Response. Cookies. Add() 方法
添加。

```
HttpCookie cookie=new HttpCookie("Name");
cookie.Value="张三";
cookie.Expires=DateTime.Now.AddDays(1);
Response.Cookies.Add(cookie);
```

使用 Request.Cookies 数据集合获取 Cookie 值。

```
string name=Request.Cookies.["Name"].Value;
```

实例 4-7　Cookie 应用。

本实例主要实现利用 Cookie 确认用户是否已登录,只有在用户登录后才能显示相关页面内容。具体步骤如下:

(1)新建一个登录窗体页面 Eg4_7_login.aspx,设计如图 4-15 所示。给"登录"按钮增加事件代码如下:

```
protected void btnSubmit_Click(object sender, EventArgs e)
{
    HttpCookie cookie=new HttpCookie("Name");
    cookie.Value=txtName.Text;
    cookie.Expires=DateTime.Now.AddDays(1);
    Response.Cookies.Add(cookie);
    Response.Redirect("~/Eg4_7.aspx");
}
```

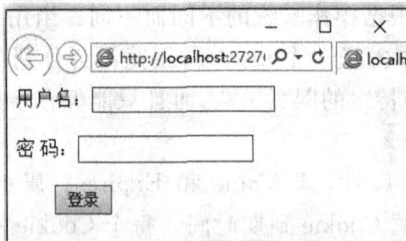

图 4-15　登录页设计效果图

(2)再新建一个 Web 窗体页面,命名为 Eg4_7,在该页面内放置一个 Label 控件,命名为 lblMsg,Page_Load()事件代码如下:

```
protected void Page_Load(object sender, EventArgs e)
{
    if(Request.Cookies["Name"] !=null)
    {
        lblMsg.Text=Request.Cookies["Name"].Value +",欢迎您回来!";
    }
    else
```

```
    {
        Response.Redirect("Eg4_7_login.aspx");
    }
}
```

（3）测试时可先浏览 Eg4_7.aspx，此时因无用户名 Cookie 信息，页面重定向到登录页面 Eg4_7_login.aspx，输入用户名，单击"登录"按钮将用户名信息存入 Cookie。关闭浏览器。再次浏览 Eg4_7.aspx 也可看到欢迎信息。

4.5　Session 对象

在 ASP.NET 应用程序中，每一个用户访问服务器时，将与服务器建立一个具有唯一标识的会话（Session），又称会话状态，典型的应用有储存用户信息、多网页间信息传递、购物车等。Session 对象为每一个用户单独使用，为用户私有，以用户对网站的最后一次访问开始计时，当计时达到会话设定时间并且期间没有访问操作时，则会话自动结束。如果同一个用户在浏览期间关闭浏览器后再访问同一个网页，服务器会为该用户产生新的 Session，ASP.NET 用一个唯一的 Session ID 来标识每一个会话。因此，往 Session 对象中添加数据，或从 Session 对象中获取数据时，不需要加锁机制。

Session 常用属性 TimeOut 用来获取或设置会话状态持续时间，单位为分钟，默认时间为 20 分钟。

Session 常用事件为 Session_Start 事件和 Session_End 事件。这两个事件相应的事件代码包含于 Global.asax 文件中。web.config 中 SessionState 元素的 mode 属性共有 Off、InProc、StateServer、SQLServer 和 Custom 共 5 个枚举值供选择，分别代表禁用、进程内、独立的状态服务、SQLServer 和自定义数据存储。其中只有在 web.config 文件中的 sessionstate 模式设置为 InProc 时，才会引发 Session_End 事件。如果会话模式设置为 StateServer 或 SQLServer，则不会引发该事件。而在实际工程项目中，一般选择 StateServer，此外，大型网站常选用 SQLServer，所以一般 Session_End 事件很少涉及。

Session 的创建和获取非常简单，直接命名即可使用，例如语句：

```
Session["Name"]="张三";
Label1.Text=Session["Name"];
```

注意：Session 使用的名称不区分大小写，因此不要用大小写区分不同变量。

实例 4-8　Session 对象。

在 Web 系统中，必须保证用户在不登录的情况下，直接在浏览器中输入 URL 即可进入，这时就需要在每个网页中进行身份验证。类似于实例 4-7，将 Cookie 对象改成 Session，同样可以使用。下面的示例使用 Session 来完成这个功能。

（1）设计页面同 Eg4_7_login.aspx 页面。

（2）"登录"按钮事件修改代码如下。

```
protected void btnSubmit_Click(object sender, EventArgs e)
{
    //从页面上获取用户输入
    string strUserName=txtUserName.Text;
    string strPassword=txtPassword.Text;
    Session["user"]=strUserName;
    Response.Redirect("Eg4_7.aspx");
}
```

（3）Eg4_7.aspx 页面的 Page_Load 事件代码修改如下：

```
protected void Page_Load(object sender, EventArgs e)
{
    if(Session.Contents["user"]==null)
        Response.Redirect("Eg4_7_login.aspx");
    else
    Response.Write(Session ["user"].ToString()+",欢迎你进入系统!");
}
```

（4）无论从哪一页启动程序，都出现登录页面，输入用户名和密码，然后单击"登录"按钮，将进入内容页。

4.6 Application 对象

用户在使用 ASP. NET 开发 Web 系统时，会在多个页面间浏览，可能需要共享某些数据，如用户登录信息、数据库连接字符串等。浏览器是没有办法存储数据的，因此需要使用某些特殊对象来实现系统的数据共享。Application 对象和 Session 对象一般用于保存这些数据，不同的是 Application 对象用来实现程序级别的数据共享，用于存放所有用户的信息，而 Session 对象则用来实现会话级别的共享。例如，需要设置一个计数器来统计访问用户；或者在程序开始和结束时记录时间，以计算系统的运行时间，这些都可以使用 Application 对象来实现。而属于不同用户各自的数据，譬如购物车信息、账户信息等需要使用 Session 对象存储。

Application 对象的生命周期起始于网站开始运行时，终止于网站关闭。由于 Application 是面对所有用户的，所以当要修改 Application 状态值时，要调用 Application. Lock()方法锁定，值修改后再调用 Application. UnLock()方法解除锁定。例如：

```
Application.Lock();
Application["Count"]=(int)Application["Count"] +1;
Application.UnLock();
```

与 Application 相关的事件主要有 Application_Start、Application_End、Application_

Error 等 3 个事件,与 Session 类似,这些事件代码都存放于 Global. aspx 文件中。

实例 4-9 Application 和 Session 实现网页聊天室(1)。

聊天室中涉及的数据主要分为两大类,一种是用户个人信息,譬如用户名和密码;另一种就是聊天记录,使所有用户都能看到的信息。这样就需要用到 Session 和 Application 对象。

在实例涉及的细节较多,需要考虑的主要体现在以下几点:

- 在没有数据库保存用户密码信息的情况下,如何验证合法用户?
- 不同用户在不同时间进入聊天室,各自发言,大家都能看到,信息应当保存在哪里?
- 信息应当是动态更新的,如何实现页面信息实时更新?
- 页面信息实时更新意味着页面要刷新,用户发言时,页面的刷新会重置文本框,如何保证用户能正常发言?

读者可以先考虑以上几个问题的解决办法,然后再看下面实现的步骤。

基于主要问题,即信息刷新而不影响用户发言问题的考虑,需要将显示聊天部分与用户发言部分实现刷新不同步,内容呈现却在一个页面,可以采用两种方法实现:框架式页面和 AJAX 局部刷新技术来实现。首先采用框架式方法实现,步骤如下:

(1) 新建四个页面,登录页 Login. aspx、显示聊天信息页 Message. aspx、发言页 Send. aspx 页和合成聊天发言页 Chat. aspx。

(2) 首先设计登录 Login. aspx 页,设计如图 4-16 所示。

用户名:
密码:
登录
[Label1]

图 4-16 登录页设计效果图

(3)"登录"按钮 btnLogin 功能主要解决没有数据库的前提下,采用数组的方式保存用户信息,事件代码如下:

```
protected void btnLogin_Click(object sender, EventArgs e)
{
    string[,] chatUser={ { "李雷", "lilei" }, { "韩梅梅", "hanmeimei" } };
    for(int i=0; i<2; i++)
    {
        if(Name.Text==chatUser[i, 0] && Pwd.Text==chatUser[i, 1])
        {
            Session["user"]=Name.Text;
            Response.Redirect("Chat.aspx");

        }
    }

    Error.Text="用户名或密码错误";
}
```

（4）为了保存聊天信息，让所有的用户可见，需要创建 Application 对象。在"解决方案资源管理器"根路径下增加 Global. aspx 全局应用程序，注意该文件只能添加一个，并且文件名不能修改。在该文件中增加 Application_Start 事件，代码如下：

```
Application["message"]="";
```

（5）将 Message. aspx 页和 Send. aspx 页合成一个框架页 Chat. aspx。在 Chat. aspx 的 HTML 代码中增加以下代码：

```
<frameset rows="60%,40%">
<frame src="Message.aspx"></frame>
<frame src="Send.aspx"></frame>
```

（6）在信息展示页 Message. aspx 中，放置一个 Label 控件，命名为 lblMessage；在该页的 HTML 的<head>标签中增加刷新代码如下：

```
<meta http-equiv="refresh" content="1" />
```

添加 Page_Load 事件代码如下：

```
protected void Page_Load(object sender, EventArgs e)
{
    Label1.Text=Application["message"].ToString();
}
```

（7）在发送信息页 Send. aspx 中，添加 Label 控件（UserName），用于显示已登录用户名；添加多行文本框（myText），作为用户发言区；添加发送按钮（btnSend）。设计页面如图 4-17 所示。

图 4-17　发送信息页设计图

（8）给 Send. aspx 页添加 Page_Load 和 btnSend_Click 事件，代码如下：

```
protected void Page_Load(object sender, EventArgs e)
{
    UserName.Text="您好: "+Session["user"].ToString();
    if(!IsPostBack)
    {
```

```
        Application["message"] +=Session["user"] +"进入聊天室<br>";
    }
}
protected void btnSend_Click(object sender, EventArgs e)
{
    Application.Lock();
    Application["message"] +=Session["user"] +"说:" +myText.Text +"
    " +DateTime.Now.ToShortTimeString() +"<br>";
    Application.UnLock();
    myText.Text="";
}
```

（9）打开不同两个浏览器页面，模拟两个用户登录。运行结果如图 4-18 所示。

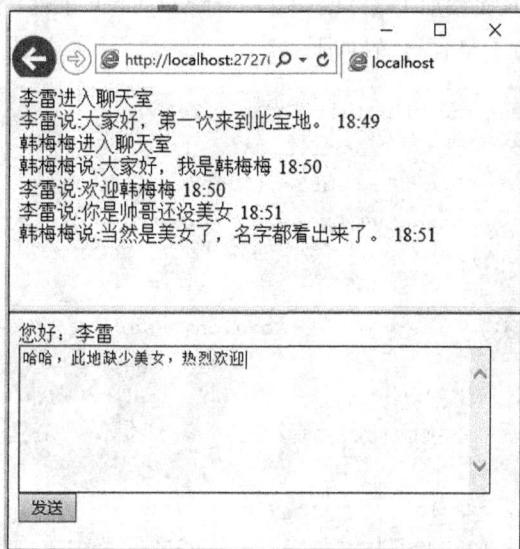

图 4-18　运行结果图

实例 4-10　Application 和 Session 实现网页聊天室（2）。

实例 4-9 通过框架实现了聊天室，这种方法会存在一些弊端，譬如页面代码设计 HTML 和 CS 两部分，一个框架页实际需要三个页面的支持，设计较为复杂，不容易理解；另外<meta>方法的刷新时间最小为 1 秒，会有延迟的感觉，而且部分浏览器刷新还会引起闪烁，用户体验非常不好。为了解决框架的不足，具体步骤如下：

（1）设计登录页，同实例 4-9 步骤（2）和（3）。

（2）增加 Global.aspx 文件同实例 4-9 步骤（4）。

（3）设计聊天页 Chat.aspx。添加一个工具箱"AJAX 扩展"选项卡中的 ScriptManager 控件，用来管理 AJAX 程序控件；添加该选项卡中的局部刷新面板 UpdatePanel，在 UpdatePanel 中添加一个计时器控件 Timer，设置 Timer 控件的 Interval 属性为 500 毫秒，继续添加一个 Label 控件，命名为 lblMessage，用于显示聊天记录。继续添加用户发言部分控件,同实例 4-9 步骤(7)。设计效果如图 4-19 所示。

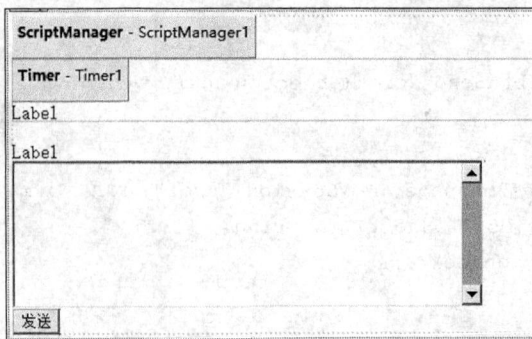

图 4-19　Chat.aspx 设计图

(4) 给 Chat.aspx 页面添加 Page_Load 和 btnSend_Click 事件,主要区别是将实例 4-9 步骤(6)和步骤(8)进行了整合,代码如下:

```
protected void Page_Load(object sender, EventArgs e)
{
    UserName.Text="您好: " +Session["user"].ToString();
    Label1.Text=Application["message"].ToString();
    if(!IsPostBack)
    {
        Application["message"] +=Session["user"] +"进入聊天室<br>";
    }
}
protected void btnSend_Click(object sender, EventArgs e)
{
    Application.Lock();
    Application["message"] +=Session["user"] +"说:" +myText.Text +"
    " +DateTime.Now.ToShortTimeString() +"<br>";
    Application.UnLock();
    myText.Text="";
}
```

(5) 运行结果同实例 4-9 运行结果。使用 AJAX 局部刷新功能简单有效,不仅解决了部分浏览器刷新闪烁问题,而且刷新时间更加精细,可以控制在毫秒为单位。更多 AJAX 技术,可参考第 5 章。

4.7　本章小结

本章介绍了 6 个最常用的对象,即 Response 对象、Request 对象、Server 对象、Cookies 对象、Session 对象和 Application 对象。Response 对象用于向浏览器输出信息,Request 对象用于获取用户提交的信息,Server 对象用于获取服务器端的相关信息,

Cookies 对象用于在客户端(即浏览器)保存用户信息,Session 对象用于存储用户的非公有信息,而 Application 对象则用于保存所用用户的共有信息。

习　　题

1. 简述网页重定向的方法有哪几种? 阐述它们的区别。
2. 简述 Cookie 和 Session 的区别与联系。
3. 简单说明 Session 状态和 Application 状态的相同处和不同之处。
4. 使用公共属性方法实现跨页传递数据功能。

第 5 章

AJAX 技术

5.1 概　　述

AJAX 全称为"Asynchronous JavaScript and XML"(异步 JavaScript 和 XML),是指一种用于创建交互式网页应用的网页开发技术,也是一种运用 JavaScript 和 XML 语言,在网络浏览器和服务器之间传送或接收数据的技术。通常称 AJAX 页面为无刷新 Web 页面。

AJAX 并没有创造出某种具体的新技术,它使用的所有技术都是在很多年前就已经存在了,然而 AJAX 以一种崭新的方式来使用所有这些技术,使得古老的 B/S 方式的 Web 开发焕发了新的活力,迎来了第二个春天。在 AJAX 技术之中,最核心的技术就是 XMLHttpRequest,XMLHttpRequest 可以在不重新加载页面的情况下更新网页,即实现了布局刷新功能。XMLHttpRequest 可以同步或异步地返回 Web 服务器的响应,并且能够以文本或一个 DOM 文档的形式返回内容,这是 AJAX 程序架构的一项关键功能。

与传统的 Web 开发不同,在 AJAX 应用中,每个页面都包括一些使用 JavaScript 开发的 AJAX 组件。这些组件使用 XMLHttpRequest 对象,以异步的方式与服务器通信,从服务器获取需要的数据后更新页面中的一部分内容,它使浏览器可以为用户提供更为自然的浏览体验。在 AJAX 之前,Web 站点强制用户进入提交/等待/重新显示范例,用户的动作总是与服务器的"思考时间"同步。借助于 AJAX,可以在用户单击按钮时,使用 JavaScript 和 DHTML 立即更新用户界面(UI),并向服务器发出异步请求,以执行更新或查询数据库。当请求返回时,就可以使用 JavaScript 和 CSS 来相应地更新 UI,而不是刷新整个页面。最重要的是,用户甚至不知道浏览器正在与服务器通信。

AJAX 应用与传统的 Web 应用的区别主要在以下 3 个方面。

- 不刷新整个页面,实现页面局部与服务器端的动态交互。
- 使用异步方式与服务器通信,不需要打断用户的操作,具有更加迅速的响应能力。
- 应用服务仅由少量页面组成。大部分交互在页面之内完成,不需要切换整个页面。

由此可见,AJAX 使得 Web 应用更加动态,具有更高的智能,并且提供了表现能力丰富的 AJAX UI 组件。目前 AJAX 已经成为了 Web 应用的主流开发技术,大量的业界巨头已经采纳并且在大力推动这个技术的发展,其中非常引人注目的如 Google 的 Google Maps 和微软的 Windows Live 等。由于 AJAX 是客户端技术,所以对浏览器的依赖性较大,用户使用老旧浏览器时可能会受影响,使用时需要有限考虑浏览器兼容问题。

到这里,读者应该对 AJAX 有一个总体印象了。那么 AJAX 具体是怎么实现的呢?

AJAX 的工作原理相当于在用户和服务器之间加了一个中间层即 AJAX 引擎,使用户请求与服务器响应异步化。这样使页面像桌面程序一样不必每次都刷新,也不用每次将数据处理的工作都交给服务器去做,而是把以前的一些服务器负担的工作转交给客户端,利用客户端闲置的处理能力来处理,减轻服务器和带宽的负担。简而言之,就是通过 XmlHttpRequest 让客户端可以使用 JavaScript 向服务器提出请求并处理响应,而不阻塞用户。

下面以购物车为例,展示 AJAX 是如何减轻服务器和带宽负担的。

传统 Web 站点中,在用户单击一个按钮时,会触发一个页面回送效果,用于整个页面的更新,这样在客户端与服务器之间就传输了整个页面的数据。假如用户需要的只是更新页面中很小的一块区域,如购物车中的账单总额信息,上面的机制显然不合适,尤其是在带宽比较小或服务器负载比较大时,对用户的上网体验有很大的影响。如果使用 AJAX 技术,上面的问题就迎刃而解了。用户将需要更新的那一块小区域单独拿出来,每次单击按钮时,不再产生整个页面的回送,而仅仅是这个小区域的局部回送而已,这样,服务器就不必处理整个页面的请求了,带宽负载也由上百千字节降到几千字节而已,由此可以提供响应更加灵敏的 UI,并消除页面刷新所带来的闪烁,用户体验可见一斑。

5.2　AJAX 控件

图 5-1 给出了 Visual Studio 工具箱中的 AJAX 扩展,主要包括 ScriptManager Timer、UpdatePanel 以及 UpdateProgress 等服务器端控件。这些 AJAX 控件在使用时与其他 ASP. NET 控件一样方便。下面介绍这些控件及其使用方法。

图 5-1　ASP. NET AJAX
　　　　服务器控件

5.2.1　ScriptManager 控件

ScriptManager 控件是 AJAX 功能的核心,是客户端页面和服务器之间的桥梁。它用来处理页面上的所有组件以及页面局部更新,包括将 Microsoft AJAX 库的 JavaScript 脚本下载到浏览器中生成相关的客户端代理脚本,以及能够在 JavaScript 中访问 Web Service。主要的功能如下。

(1) 负责自动建立客户端浏览器上需要的 AJAX Client-Script(也就是 JavaScript 代码),并且针对页面上需要的各项 JavaScript 机制进行处理。

(2) ScriptManager 控件对于整个异步 Postback 有着决定性的影响,配合 UpdatePanel 提供异步 Postback 的能力,并且“管理”异步 Postback 的进行。

(3) 让开发人员可以通过前端的 JavaScript 代码来调用后端的 Web Services,提供手动的 AJAX 功能。

(4) 提供 Microsoft AJAX Library 中的 Client-Script,让开发人员可以简化 JavaScript 的撰写,并且扩充 JavaScript 的功能。

因此,无论需要何种 AJAX 功能,都需要在页面上拖曳出 ScriptManager 控件,以作为一切的基础。如果只是在一小部分的页面上需要 AJAX 功能,那么通常可以将 ScriptManager 控件直接放到内容页中,如果在整个站点都需要 AJAX,那么将 ScriptManager 控件放到母版页中是一个理想的解决方案,这样在各内容页中就不需要放置 ScriptManager 控件了。但需要注意的是,所有需要支持 AJAX 的 ASP. NET 页面上有且只能有一个 ScriptManager 控件。如果在母版页中已添加了 ScriptManager 控件,则在内容页中就不能再添加 ScriptManager 控件。如果这时还要在内容页中使用 ScriptManager 控件的其他功能,可以通过添加 ScriptManagerProxy 控件来实现。

ScriptManager 控件有许多属性,其中绝大部分用于高级场景,对于简单应用来说,不需要改变 ScriptManager 控件的任何属性,但是在面对复杂的、更加丰富的应用时,就需要更改相关的属性了,感兴趣的读者可以查阅相关资料进一步学习。

5.2.2 UpdatePanel 控件

UpdatePanel 控件可以用来创建丰富的局部更新的 Web 应用程序。UpdatePanel 本身是一个容器控件,控件本身不会显示任何内容,仅相当于页面中的一个小局部区域,用于实现局部刷新和无闪烁页面。UpdatePanel 控件的使用可以大大减少客户端脚本的编写工作量。在基本的应用程序中,只要将相关控件放入 UpdatePanel 中即可。当 UpdatePanel 控件中的某个控件产生到服务器端的回送时,只刷新 UpdatePanel 区域,其外的页面部分并不会更新。

实例 5-1 认识局部刷新。

局部刷新功能在第 4 章的实例 4-10 中已经使用过,主要使用 UpdatePanel 控件,该控件提供了一个范围,即局部刷新的范围。将需要局部刷新功能部分放置在 UpdatePanel 范围内,即可实现局部刷新功能,没有放置在 UpdatePanel 范围内的控件将会引起整个页面刷新。下面通过实例进一步理解局部刷新。

(1) 新建一个 Web 窗体,页面添加一个 Button 控件 (Button1)和一个 Label 控件(Label1),然后在 AJAX 控件组中拖取一个 ScriptManager 控件和一个 UpdatePanel 控件,最后在 UpdatePanel 里面放入一个 Button 控件 (Button2)和一个 Label 控件(Label2),如图 5-2 所示。

(2) 添加两个按钮事件,代码如下:

图 5-2 前台设计图

```
protected void Button1_Click(object sender, EventArgs e)
{
    Label1.Text=DateTime.Now.ToLongTimeString();
}
protected void Button2_Click(object sender, EventArgs e)
{
```

```
    Label2.Text=DateTime.Now.ToLongTimeString();
}
```

（3）运行，单击 Button1 按钮，观察浏览器，可以看到整个页面的回送；单击 Button2 按钮，观察浏览器，看不到整个页面的回送。但是通过时间的改变，能够知道 Label2 所在的小区域发生了页面的局部回送，引起 Label2 的数据更新，如图 5-3 所示。

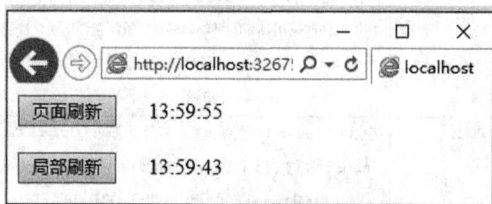

图 5-3 单击 button1 的结果

（4）看到这里，有些读者也许会产生疑问，因为在 Button2_Click 事件中，并没有改变 Label1 显示的值，所以，在单击 Button2 按钮后，Label1 不应该有变化，也就不足以说明只有 UpdatePanel 里面的内容进行了局部刷新。下面继续以下步骤。

（5）修改 Button2 按钮事件代码，增加 Label1 文本赋值语句，代码如下：

```
protected void Button2_Click(object sender, EventArgs e)
{
    Label1.Text=DateTime.Now.ToLongTimeString();
    Label2.Text=DateTime.Now.ToLongTimeString();
}
```

（6）按 F5 键运行，单击 Button2 按钮，我们会发现，只有局部范围内的 Label2 发生了改变，说明 Button2 按钮触发的页面回送只是局部的，并不是整个页面的回送，只有 UpdatePanel 控件所包含的区域进行了局部更新。

至此，似乎可以得到结论：UpdatePanel 控件里面的控件如果能引发页面回送的话，就只更新 UpdatePanel 控件区域；UpdatePanel 控件外面的控件如果引发页面回送的话，UpdatePanel 控件区域也会更新。其实，UpdatePanel 里面的控件也可以引发其外的更新；同样，其外的控件也可以只引发 UpdatePanel 区域更新。在具体讲解前，先看一看 UpdatePanel 控件主要的属性，如图 5-4 所示。

下面，再看一下 UpdatePanel 控件的默认属性。从工具箱中拖取一个 UpdatePanel 控件，打开 UpdatePanel 的属性面板，如图 5-5 所示。

（1）ChildrenAsTriggers 属性的默认值是 True，即 UpdatePanel 控件内部的子控件引发的页面回送都会使得 UpdatePanel 区域的局部刷新。

（2）UpdateMode 属性的默认值是 Always，即页面上任意一个局部更新被触发，此 UpdatePanel 就会更新。当某个页面中有多个 UpdatePanel 共存时，由于 UpdatePanel 的 UpdateMode 属性值默认为 Always，所以页面上如果有一个局部更新被触发，则所有的

属性或方法	说明
ChildrenAsTriggers	应用于UpdateMode属性为Conditional时，指定UpdatePanel中的子控件的异步回送是否会引发UpdatePanel的更新
RenderMode	表示UpdatePanel最终呈现的HTML元素。Block（默认）表示<div>，Inline表示<span>
Triggers	用于引起更新的事件。在ASP.NET Ajax中有两种触发器，其中使用同步触发器（PostBackTrigger）只需指定某个服务器端控件即可，当此控件回送时采用传统的"PostBack"机制整页回送；使用异步触发器（AsyncPostBackTrigger）则需要指定某个服务器端控件的ID和该控件的某个服务器端事件
UpdateMode	表示UpdatePanel的更新模式，有两个选项：Always和Conditional。Always是不管有没有Trigger，其他控件都将更新该UpdatePanel，Conditional表示只有当前UpdatePanel的Trigger，或ChildrenAsTriggers属性为true时，当前UpdatePanel中控件引发的异步回送或者整页回送，或是服务器端调用Update()方法才会引发更新该UpdatePanel

图 5-4 UpdatePanel 控件属性图

UpdatePanel 都将更新。这也许与设计初衷不相符，所以为了避免这种情况，可以把 UpdateMode 属性设置为 Conditional，然后为每个 UpdatePanel 设置专用的触发器。

下面通过示例，深入讲解 UpdatePanel 的各种使用情况。

实例 5-2 内部子控件不再引发 UpdatePanel 刷新。

（1）添加一个 Web 窗体，在页面中拖放一个 ScriptManager 控件和一个 UpdatePanel 控件，在 UpdatePanel 中放入一个 Button 控件（Button1）和一个 Label 控件（Label1），并将 UpdatePanel 控件的 ChildrenAsTriggers 属性设置为 False。

图 5-5 UpdatePanel 属性面板默认值

（2）双击 Button1，进入.cs 后台文件，代码如下：

```
protected void Button1_Click(object sender, EventArgs e)
{
    Label1.Text=DateTime.Now.ToLongTimeString();
}
```

（3）按 F5 键运行，结果如图 5-6 所示。

（4）将 UpdateMode 属性值更改为 Conditional，运行后，单击 Button1 按钮并没有显示时间。通过设置断点进行调试，可以知道事件代码语句确实运行了，如图 5-7 所示，说明此时 UpdatePanel 内部子控件没有引发局部刷新。

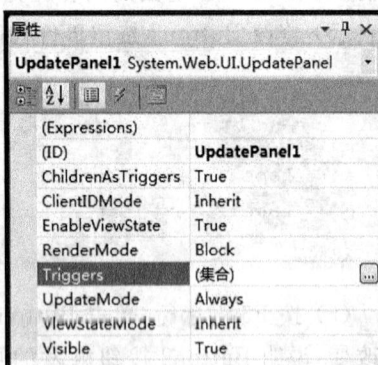

图 5-6 运行结果图

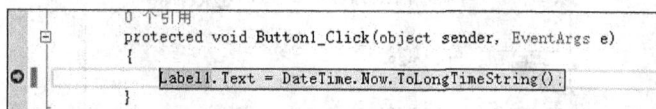

图 5-7 设断点运行图

（5）将 ChildrenAsTriggers 属性重新设置为 True，按 F5 键运行，单击 Button1 按钮，如图 5-8 所示，说明此时 UpdatePanel 局部刷新了。

图 5-8 运行结果图

（6）结论：无论 UpdateMode 属性值设置为 Always 还是 Conditional，触发 UpdatePanel 局部刷新时需要将 ChildrenAsTriggers 属性设置为 True。

实例 5-3 页面内多个 UpdatePanel，各自实现局部刷新。

（1）添加 Web 窗体，在页面中拖放一个 ScriptManager 控件和两个 UpdatePanel 控件，在每个 UpdatePanel 中各放入一个 Button 控件和一个 Label 控件，保持 UpdatePanel 的默认属性，如图 5-9 所示。

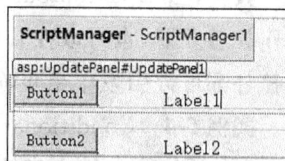

图 5-9 前台设计

（2）添加两个按钮事件代码，代码如下：

```
protected void Button1_Click(object sender, EventArgs e)
{
    Label1.Text=DateTime.Now.ToLongTimeString();
    Label2.Text=DateTime.Now.ToLongTimeString();
}
```

```
protected void Button2_Click(object sender, EventArgs e)
{
    Label1.Text=DateTime.Now.ToLongTimeString();
    Label2.Text=DateTime.Now.ToLongTimeString();
}
```

（3）按 F5 键运行，无论单击 Button1 或者 Button2 按钮，两个 Label 都会刷新时间，结果如图 5-10 所示。

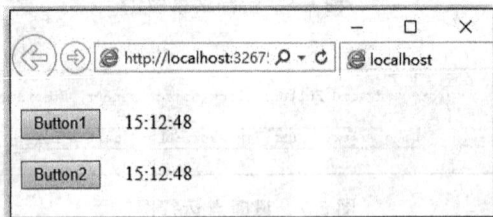

图 5-10　默认属性下运行结果

这是什么原因呢？这是由于 UpdateMode 属性默认值是 Always。因此，凡是能引发页面回送的操作都会引发 UpdateMode 属性是 Always 的 UpdatePanel 的局部刷新。

（4）将两个 UpdatePanel 的 UpdateMode 属性值都设置为 Conditional 时，按 F5 键运行。单击 Button1 按钮或者 Button2 按钮时，就只会刷新各自所在 UpdatePanel 的时间了。

默认情况下，用户总会在各自 UpdatePanel 内放置按钮，这样的结果就是：

- 当 UpdateMode 属性值为 Always 时，任何一个 UpdatePanel 内部的任何变化都会引发其他 UpdatePanel 更新；
- UpdateMode 属性值设置为 Conditional，分别引发各自的 UpdatePanel 的刷新。

其实，当 UpdateMode 属性值设置为 Conditional 时，可以设置 UpdatePanel 外部控件作为触发器，也可以在其他 UpdatePanel 的内部设置子控件作为触发器，甚至某个内部子控件都可以引发整个页面的刷新，具体使用方法通过一个实例来认识。

实例 5-4　Conditional 前提下引发的刷新。

（1）添加一个 Web 窗体，在页面中拖放一个 ScriptManager 控件、设置前台页面如图 5-11 所示。

（2）首先添加"外部控件引发局部刷新功能"中的按钮（Button1）事件代码，代码如下：

```
protected void Button1_Click(object sender, EventArgs e)
{
    Label1.Text=DateTime.Now.ToLongTimeString();
    Label2.Text=DateTime.Now.ToLongTimeString();
}
```

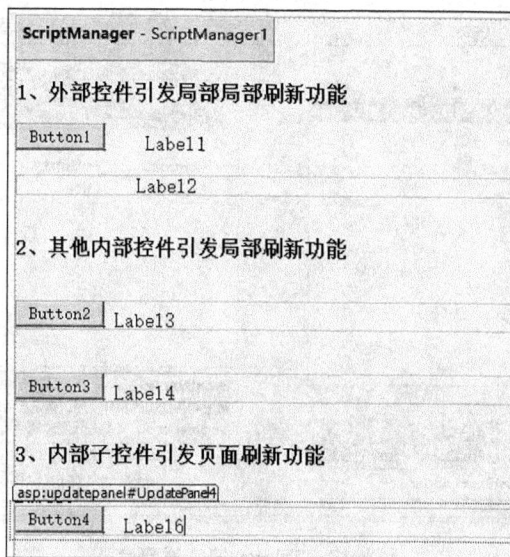

图 5-11　前台设计图

（3）首次运行，单击 Button1 按钮，可以看到 UpdatePanel 内外的 Label 控件都刷新了，事件保持一致，并且整个页面都回送了，这是因为 Button1 在 UpdatePanel 外部，会引发整个页面的回送更新。结果如图 5-12 所示。

图 5-12　默认属性下运行结果

（4）继续将 UpdateMode 属性设置为 Conditional，运行结果基本相同。说明 UpdatePanel 外部控件造成的页面回送是整个页面范围的，包括 UpdatePanel 区域。那么有没有一种方法可以做到 UpdatePanel 外部的控件只引发 UpdatePanel 区域的局部刷新，而不造成整个页面的回送呢？有的，使用 UpdatePanel 的 Triggers 属性。

（5）打开 UpdatePanel1 的属性面板，单击 Triggers 集合。在打开的编辑器中，单击“添加”右边的小三角，选择 AsyncPostBackTrigger（一个 UpdatePanel 可以添加多个触发器），在绑定到触发器的 ControlID 中选择 Button1，EventName 选择 Click，最后单击“确定”按钮，如图 5-13 所示。

（6）按 F5 键运行，单击 Button1 按钮，结果如图 5-14 所示，只有 UpdatePanel 刷新了。

（7）现在添加“其他内部控件引发局部刷新功能”按钮事件，代码如下：

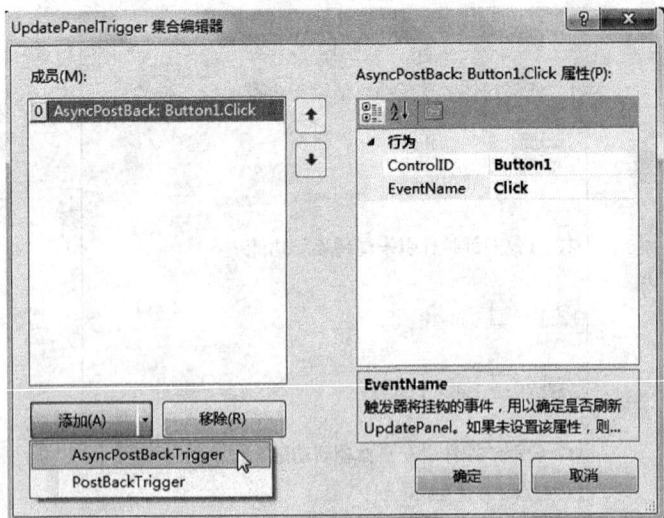

图 5-13　Trigger 编辑器集合

图 5-14　异步回送触发器下运行结果

```
protected void Button2_Click(object sender, EventArgs e)
{
    Label3.Text=DateTime.Now.ToLongTimeString();
    Label4.Text=DateTime.Now.ToLongTimeString();
}

protected void Button3_Click(object sender, EventArgs e)
{
    Label3.Text=DateTime.Now.ToLongTimeString();
    Label4.Text=DateTime.Now.ToLongTimeString();
}
```

（8）根据之前步骤的讲解，给 UpdatePanel2 和 UpdatePanel3 分别设置属性值：ChildrenAsTriggers＝false，UpdateMode＝Conditional，Triggers 设置为需要的按钮事件。

（9）按 F5 键运行，单击 Button2 按钮，会引发 UpdatePanel3 区域的局部刷新，同样，单击 Button3 按钮，会引发 UpdatePanel2 区域的局部刷新。这样就实现了内部子控件控制其他区域的局部刷新功能。

（10）最后添加"内部子控件引发页面刷新功能"按钮事件代码，代码如下：

```
protected void Button4_Click(object sender, EventArgs e)
{
    Label5.Text=DateTime.Now.ToLongTimeString();
    Label6.Text=DateTime.Now.ToLongTimeString();
}
```

（11）Triggers 属性可以添加两种属性值，异步可以理解为局部刷新，同步可以理解为页面刷新。这里实现 UpdatePanel4 内的子按钮引发整个页面刷新，只需要给该按钮添加同步回送触发器 PostBackTrigger 即可，设置如图 5-15 所示，运行程序，可看到 Label5和 Label6 都显示相同的时间，说明整个页面刷新了，如图 5-16 所示。

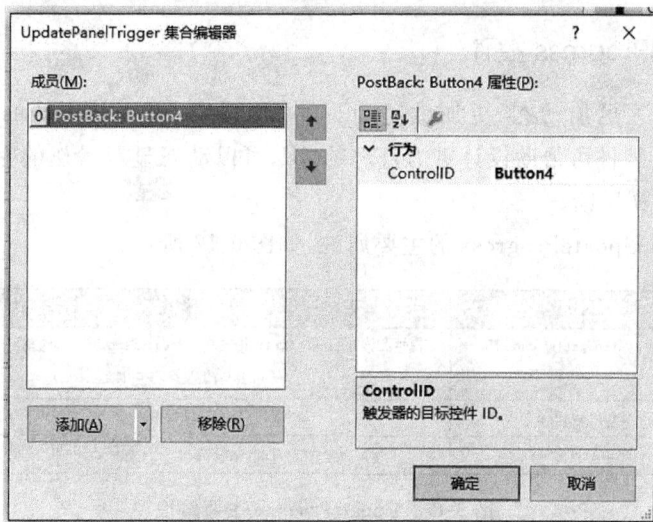

图 5-15　UpdatePanel4 添加 PostBackTrigger

图 5-16　同步回送触发器下运行结果

UpdatePanel 控件涉及的属性不多，但要灵活掌握才能准确引发开发所需的局部刷新。特别需要注意的是，用户一般通过 aspx 设计页面添加 UpdatePanel 控件，然后继续在设计页面中定位 UpdatePanel 范围，添加子控件。如果用户需要在 HTML页面添加 UpdatePanel 以及子控件，需要注意一对重要的标签＜ContentTemplate＞＜/ContentTemplate＞。例如在 UpdatePanel 控件中添加 Button 控件，生成的 HTML代码如下：

```
<form id="form1" runat="server">
    <div>
        <asp:UpdatePanel ID="UpdatePanel1" runat="server">
            <ContentTemplate>
                <asp:Button ID="Button1" runat="server" Text="Button" />
            </ContentTemplate>
        </asp:UpdatePanel>
    </div>
</form>
```

可以看到,放入 UpdatePanel 容器中的控件其实都是在＜ContentTemplate＞＜/ContentTemplate＞标签中,如果在源视图中向 UpdatePanel 里面添加控件而忘记了加上＜ContentTemplate＞＜/ContentTemplate＞,则系统编译会报错。

5.2.3 UpdateProgress 控件

AJAX 提供了更加动态、更加敏捷的页面 UI 反应,当局部刷新的时间比较长时,UpdateProgress 控件可帮助设计更为直观的 UI,可以动态显示操作的完成情况,提供有关更新状态的可视反馈。

首先了解下 UpdateProgress 的主要属性,如图 5-17 所示。

属性	说明
AssociatedUpdatePannelID	该属性和该 UpdateProgress 相关联的 UpdatePanel 的 ID,通常用于有多个 UpdatePanel 的情况下
DisplayAfter	进度信息被展示后的 ms 数
DynamicLayout	UpdateProgress 控件是否动态绘制,而不占用网页空间

图 5-17 UpdateProgress 主要属性

UpdateProgress 控件要与 UpdatePanel 控件结合使用,如果 AssociateUpdatePannelID 属性没有绑定页面上的任何一个 UpdatePanel 控件,那么编译系统默认为页面上所有 UpdatePanel 控件都与这个 UpdateProgress 控件挂钩,所以,页面上有多个 UpdatePanel 控件和 UpdateProgress 控件时,应分别绑定。

DisplayAfter 属性表示 UpdateProgress 控件在绑定的 UpdatePanel 触发局部刷新后多长时间开始起作用,如果程序代码中没有刻意推迟时间,那么在代码执行时,时间是很短暂的,DisplayAfter 属性设置太高的话,UpdateProgress 控件是来不及起作用的,因此就无法看到 UpdateProgress 的出现。

实例 5-5 UpdateProgress 实例。

(1) 添加一个 Web 窗体,在页面中拖放一个 ScriptManager 控件、一个 UpdateProgress 控件(UpdateProgress1)、一个 UpdatePanel 控件(UpdatePanel1),并在 UpdatePanel1 中添加一个 Button 控件和一个 Label 控件。在 UpdateProgress1 控件中一个加载图片,设

计如图 5-18 所示。

（2）设置 UpdateProgress1 控件 AssociateUpdatePannelID 属性值为 UpdatePanel1 控件。

（3）添加按钮事件代码，代码如下：

```
protected void Button1_Click(object sender, EventArgs e)
{
    Label1.Text=DateTime.Now.ToLongTimeString();
}
```

（4）按 F5 键运行，单击按钮，并没有出现预期的 UpdateProgress 图像。

（5）再次展开 UpdateProgress 控件属性面板，将 DisplayAfter 属性值由默认的 500ms 改为 0ms，运行，可以看到加载图片（如果没有出现，请多单击几次 Button，因为代码执行时间太短暂）。

（6）为了能让结果显示更加明显，刻意推迟代码的执行时间，即让程序主线程暂停 5s，这样，可以很直观地可以看到 UpdateProgress 控件的效果。在按钮事件中增加语句：

```
System.Threading.Thread.Sleep(5000);            //主线程暂停 5s
```

（7）运行结果如图 5-19 所示，这个时候出现了动态的 GIF 图片，5s 后，图片消失，Label 控件文本值为系统时间。

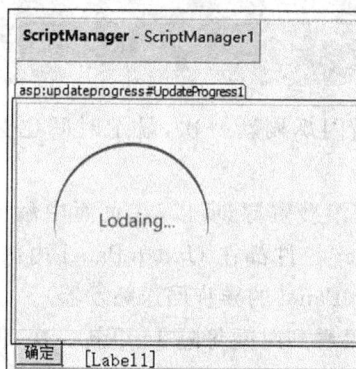

图 5-18 带 GIF 图片效果的运行结果

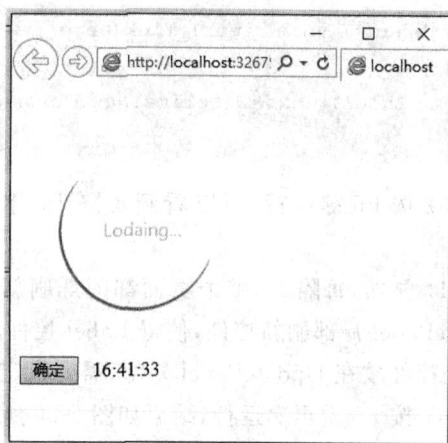

图 5-19 带 GIF 图片效果的运行结果

在实际的大型项目开发中，UpdateProgress 控件比较常见，不过人为地推迟代码执行时间还是比较少见的（像上面演示实例中的 System. Threading. Thread. Sleep(5000) 语句应该删掉），这主要是从性能的角度出发。还有一些操作，如连接大型的数据库并检索满足条件的数据，代码本身的执行就需要一定的时间，这时候 UpdateProgress 控件的作用自然就显现出来，当代码执行完毕即局部刷新完成后，UpdateProgress 控件消失，从而起到提示的作用。

5.2.4 Timer 控件

在 ASP. NET AJAX 扩展中,微软公司为用户封装了服务器端的定时器,即 Timer 控件,用于周期性地循环执行某些服务器端代码,实用性非常大。例如,可以指定每隔多长时间刷新一次整个页面或者某个 UpdatePanel 控件的局部区域,也可以指定每隔多长时间来连接一次数据库进而从中检索出某些数据等,在第 4 章的实例 4-10 的聊天室功能中就是借助 Timer 控件刷新聊天记录的。

Timer 控件的主要属性如下。

- Interval 属性:用来决定每隔多长的时间要引发回送,其设置值的单位是毫秒。

每当 Timer 控件的 Interval 属性所设置的间隔时间达到而进行回送时,就会在服务器上引发 Tick 事件。通常会为 Tick 事件处理函数编写程序代码,以便能够根据需求来定时执行特定操作。

- Enabled 属性:将 Enabled 属性设置成 false 可以让 Timer 控件停止计时,而当需要让 Timer 控件再次开始计时的时候,只需再将 Enabled 属性设置成 True 即可。

Timer 控件用法非常简单,只需按照指定的时间间隔激活其 Tick 事件即可。

实例 5-6 动态地显示时间。

(1) 新建一个 Web 窗体,在页面中拖放一个 ScriptManager 控件、一个 Label 控件和一个 Timer 控件,并设置 Timer 控件的 Interval 属性值为 1000ms。

(2) 双击 Timer 控件,编写后台文件,代码如下:

```
protected void Timer1_Tick(object sender, EventArgs e)
{
    Label1.Text=DateTime.Now.ToLongTimeString();
}
```

(3) 按 F5 键运行,可以看到每隔 1s,整个页面闪烁刷新一次,显示时间也会跟着更新。

(4) 显然,每隔 1s,整个页面都闪烁刷新会比较浪费资源,所以,在页面中添加一个 UpdatePanel 局部刷新控件,使得 Label 控件和 Timer 控件都在 UpdatePanel 内部(如果 Timer 控件放在 UpdatePanel 外部,需要指定 UpdatePanel 的异步回送触发器)。

(5) 按 F5 键再次运行,结果如图 5-20 所示,可以看到时间每隔 1s 更新一次,但整个页面并没有闪烁刷新,很好地实现了页面电子表的功能。

如果页面上不同 UpdatePanel 控件的内容所需更新间隔时间不相同,可以在页面上加入多个 Timer 控件,并且利用它们来分别负责定时异步更新页面上不同 UpdatePanel 控件的内容。必要时,也可以让 Timer 控件定时引发整页回送,以便定时更新整个页面的内容。

实例 5-7 定时刷新更换图片的电子相册。

(1) 新建一个 Web 窗体,在页面中拖放一个 ScriptManager 控件、一个 UpdatePanel 控件和一个 DropDownList 控件,并在 UpdatePanel 控件内部放入一个 Timer 控件和一个 Image 控件,如图 5-21 所示。

图 5-20　局部刷新计时结果

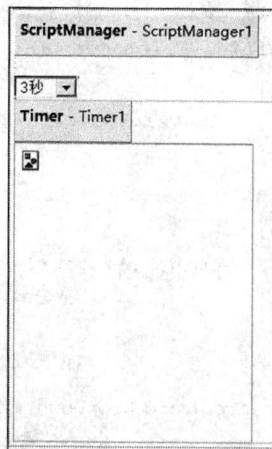

图 5-21　页面设计图

（2）将 Timer 控件的 Interval 属性值设置为 3000ms。

（3）将 DropDownList 控件的 AutoPostBack 属性设置为 True,并编辑项,将 3s 的 Selected 属性设置为 True,如图 5-22 所示。

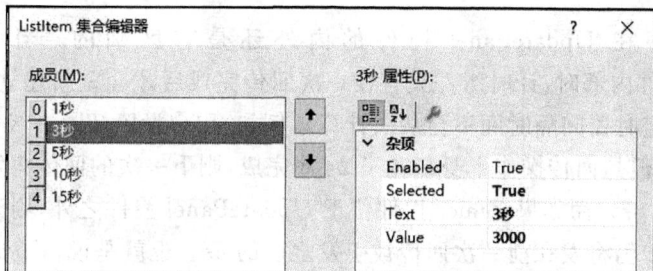

图 5-22　DropDownList 编辑项

（4）添加 Page_Load、Timer 和 DropDownList 事件代码,代码如下:

```
protected void Page_Load(object sender, EventArgs e)
{
    if(!IsPostBack)
        Image1.ImageUrl="~/images/1.jpg";
}

protected void Timer1_Tick(object sender, EventArgs e)
{
    string s=Image1.ImageUrl;
    int x=s.IndexOf('.');
    int y=s.LastIndexOf('/');
    int num=x-y-1;
```

```
    string fileName=s.Substring(y +1, num);
    int newFileName=int.Parse(fileName) +1;        //设置前一个图片
    if(newFileName==8)                             //图片总数为 8
    {
        Image1.ImageUrl="~/images/1.jpg";
    }
    else
    {
        Image1.ImageUrl="~/images/" +newFileName +".jpg";
    }

}
protected void DropDownList1_SelectedIndexChanged(object sender, EventArgs e)
{
    Timer1.Interval=Int32.Parse(DropDownList1.SelectedValue);
}
```

(5) 按 F5 键运行,可以看到每隔 3s,动态切换一张图片;当所有的图片播放完毕后,重新依次循环。更改下拉列表的值,如选择为 15s,可以看到每隔 15s,动态切换一张图片。

Timer 控件在 UpdatePanel 控件的内外还是有区别的。当 Timer 控件在 UpdatePanel 控件内部时,计时组件只有在一次回传完成后才会重新建立。也就说,直到网页回传之前,定时器间隔时间不会从头计算。例如,用户设置 Timer 控件的 Interval 属性值为 6000ms,但是回传操作本身却花了 2s 才完成,则下一次的回传将发生在前一次回传被引发之后的 8s。而如果 Timer 控件位于 UpdatePanel 控件之外,则当回传正在处理时,下一次的回传仍将发生在前一次回传被引发之后的 6s。也就是说,UpdatePanel 控件的内容被更新之后的 4s,就会再次看到该控件被更新。如果 Interval 属性的值不够大,使得在前一次异步回送还没有完成之前就要开始下一次的异步回送,在此种状况下,新引发的异步回送会取消前一个还在处理中的异步回送。感兴趣的读者可查阅相关资料进一步学习。

5.3 本 章 小 结

AJAX 技术是目前在浏览器中通过 JavaScript 脚本可以使用的所有技术的集合,其本身并没有创造出某种具体的新技术,然而 AJAX 以一种崭新的方式来使用所有的这些技术,使得古老的 B/S 方式的 Web 开发焕发了新的活力,改变了传统 Web 应用程序的开发方式,使得 Web 服务不需要漫长的页面等待,提供与桌面应用程序类似的用户体验。本章的主要控件如下。

(1) ScriptManager:管理客户端组件、局部刷新、注册用户自定义脚本。如果页面中使用 UpdatePanel、UpdateProgress 和 Timer 控件,就必须在它们之前包含

ScriptManager，如果只是小范围内的应用 AJAX，ScriptManager 可以只放到单独的页面中，如果整个站点是基于 AJAX 的，则将 ScriptManager 放到母版页中是一个不错的选择，当然一个页面只能有一个 ScriptManager。

（2）UpdatePanel：异步更新方式实现页面局部刷新，避免整个页面的回送闪烁。

（3）UpdateProgress：对 UpdatePanel 的局部刷新状态给出动态提示。

（4）Timer：按指定的时间间隔定时执行页面回送，配合 UpdatePanel 控件用于页面局部的定时刷新。

除此之外，为了更好地利用 ASP. NET AJAX，Microsoft 公司一直致力于支持 AJAX 并且提供更好的使用体验的扩展 AJAX 控件——AJAXToolkit 的研发。默认情况下，Visual Studio 开发平台并没有集成这个 AJAXToolkit 扩展包，需要使用的话，可以访问 http://www.asp.net/AJAX 下载最新版本的 AJAXToolkit 扩展包。

习　　题

1. AJAX 技术的 Web 应用程序和传统的 Web 应用程序相比有哪些优势？
2. AJAX 服务器控件有哪些？并简述一下它们的功能。
3. 在平时上网过程中，举例说明哪些地方用到了 AJAX 技术。
4. 设计一个留言板，要求利用 AJAX 技术进行页面局部刷新。

第6章

服务器验证控件

6.1 概　述

6.1.1 验证控件的作用

验证就是给所收集的数据制定一系列规则。验证不能保证输入数据的真实性,只能说是否满足了一些规则,如"文本框中必须输入数据"、"输入数据的格式必须是电子邮件地址"等。规则可多可少,或严格或宽松,完全取决于开发人员,不存在十全十美的验证过程。

ASP.NET 为用户提供的验证控件,用于检测用户输入的信息是否有效,例如,用户登录时需要验证用户名、密码是否正确;填写个人信息时出生年月是否符合日期格式或者是否超出日期范围,若出现错误,验证控件则会显示错误信息。同时 ASP.NET 可以自定义验证控件,方便灵活地实现不同用户对控件的要求。

6.1.2 验证控件基本属性

本章将介绍 6 种验证控件:RequiredFieldValidator、CompareValidator、RangeValidator、RegularExpressionValidator、CustomValidator 和 ValidationSummary 控件,它们有一些共同的基本属性,如表 6-1 所示。

表 6-1　验证控件基本属性

属　　性	说　　明
ControlToValidate	获取或设置要验证的控件
CssClass	获取或设置由 Web 服务器控件在客户端呈现的级联样式表(CSS)类
Display	获取或设置验证控件中错误消息的显示行为
Enabled	获取或设置一个值,该值指示是否启用验证控件
ErrorMessage	获取或设置验证失败时控件中显示的错误消息的文本
IsValid	获取或设置一个值,该值指示关联的输入控件是否通过验证
Text	获取或设置验证失败时验证控件中显示的文本
EnableClientScript	设置是否启用客户端验证,默认值为 true
SetFocusOnError	当验证无效时,确定是否将焦点定位在被验证控件中
ValidationGroup	设置验证控件的分组名

验证控件中均有一个 IsValid 属性,用这个值来判断验证是否通过,没有错误,该属性值返回 true。如果页面中所有验证控件的 IsValid 属性都为 true,则 Page.IsValid 属性为 true。

下面依次对 6 种验证控件的使用方法进行详细介绍。

6.2 控件介绍

6.2.1 RequiredFieldValidator 控件

该控件的功能是验证所关联的控件内容是否为空,如用户名、密码等。若为空,提示错误信息。同时利用控件 InitialValue 属性可以获取或设置关联输入控件的初始值,只有不等于 InitialValue 属性的值时,才能通过验证。例如,在一个用户个人信息注册页中,需要姓名、联系电话、家庭住址不为空,并且姓名不能与初始信息相同。

6.2.2 CompareValidator 控制

CompareValidator 控件用于比较一个控件的值与另一个控件的值是否相等,也可用于比较一个控件的值和一个指定的值是否相等,若相等则验证通过,结果为 true。例如,在用户登录时,要求用户的密码和确认密码值相同时可以通过验证。

常用属性如表 6-2 所示。

表 6-2 CompareValidator 控件常用属性

属 性	说 明
ControlToCompare	获取或设置要与所验证的输入控件进行比较的输入控件
ValueToCompare	获取或设置一个常数值,该值要与由用户输入到所验证的输入控件中的值进行比较
Type	获取或设置在比较之前将所比较的值转换到的数据类型
Operator	获取或设置要执行的比较操作

注意:属性 ControlToCompare 和 ValueToCompare 应用时只能选择一个。

6.2.3 RangeValidator 控件

RangeValidator 控件用来检查用户的输入是否在指定的范围内。该控件的两个重要属性是 MaximumValue 和 MinimumValue,分别用于获取或设置验证范围的最大值和最小值。

例如,要求以年级在 2008～2012 内,成绩在数字 0～100 内,级别在 A～D 内等,如果超出范围,验证不通过。

6.2.4 RegulerExpressionValidator 控件

RegulerExpressionValidator 控件用于检查项与正则表达式定义的模式是否匹配,主要通过属性 ValidationExpression 来获取或设置确定字段验证模式的正则表达式。此类验证使用户能够检查可预知的字符序列,如电子邮件地址、电话号码、邮政编码等内容中的字符序列。

6.2.5 CustomValidator 控件

当 ASP.NET 提供的验证控件无法满足实际需要时,可以考虑自行定义验证函数,再通过 CustomValidator 控件来调用它。实际项目开发中有两种不同的验证方式:客户端验证和服务器验证。这两者的区别在于客户端验证是指利用 JavaScript 脚本,在数据发送到服务器之前进行验证,服务器端验证是指将用户输入的信息全部发送到 Web 服务器进行验证。一般客户端验证比服务器验证快些,服务器验证比客户端验证安全些,但速度慢些。比较好的方法是先进行客户端验证,再使用服务器端验证。

CustomValidator 控件既可以实现客户端验证,也可以实现服务器端验证,常用属性如表 6-3 所示。

表 6-3　CustomValidator 控件常用属性和事件

属性/事件	说　　明
ClientValidationFunction	设置用于验证的自定义客户端脚本函数名
EnableClientScript	指示是否启用客户端验证,默认为 true
ServerValidate 事件	执行服务器端验证

如果只是在客户端通过脚本程序进行验证,不需要提交服务器,只需要在 ClientValidationFunction 属性中引用函数名。如果在服务器端验证,则要用到事件 ServerValidate 来触发。这两种验证都可以通过属性 IsValid 判断关联的输入控件是否通过验证。

6.2.6 ValidationSummary 控制

ValidationSummary 控件提供了汇总其他验证控件错误信息的方式,即汇总其他验证控件的属性 ErrorMessage 值。常用属性如表 6-4 所示。

表 6-4　ValidationSummary 控件常用属性

属　　性	说　　明
DisplayMode	设置验证摘要的显示模式,值分别为 BulletList、List 和 SingleParagraph
ShowMessageBox	指定是否在一个弹出的消息框中显示错误信息
ShowSummary	指定是否启用错误信息汇总

6.3　控件使用实例

实例 6-1　注册功能验证。

注册功能是网站中经常使用的功能,为了保证用户输入信息的准确性,需要对输入的信息进行规范,使用验证控件就可以进行规则的设定。下面通过注册功能来综合使用6.2节中介绍的各个控件。

(1) 新建一个 Web 窗体文件,根据注册功能,插入一个 9 行 3 列的表格,设计页面如图 6-1 所示。控件属性设置如表 6-5 所示。

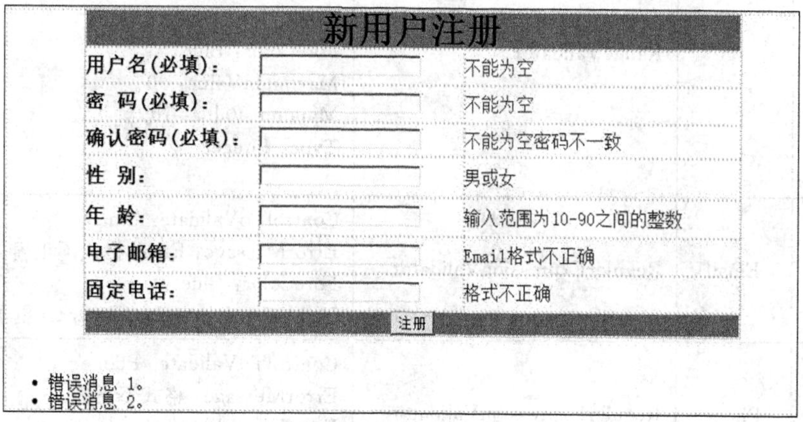

图 6-1　注册前台页面

表 6-5　验证控件属性设置表

注册信息	文本框 ID	验 证 控 件	属 性 设 置
用户名	Name	RequiredFieldValidator	ControlToValidate：Name ErrorMessage：不能为空 ForeColor：red
密码	Pwd1	RequiredFieldValidator	ControlToValidate：Pwd1 ErrorMessage：不能为空 ForeColor：red
确认密码	Pwd2	RequiredFieldValidator	ControlToValidate：Pwd2 ErrorMessage：不能为空 ForeColor：red Display：Dynamic
		CompareValidator	ControlToCompare：Pwd1 ControlToValidate：Pwd2 ErrorMessage：密码不一致 ForeColor：Blue
性别	Sex	CustomValidator	ControlToValidate：Sex ErrorMessage：男或女 ForeColor：Blue ClientValidationFunction：ClientValidate_ Message(见步骤(2))

续表

注册信息	文本框 ID	验证控件	属 性 设 置
年龄	Age	RangeValidator	ControlToValidate：Age ErrorMessage：输入范围为 10～90 之间的整数 ForeColor：Blue MaximumValue：90 MinimumValue：10 Type：Integer
电子邮箱	Email	RegulerExpressionValidator	ControlToValidate：Email ErrorMessage：Email 格式不正确 ForeColor：Blue ValidationExpression：Internet 电子邮件地址
固定电话	Phone	RegulerExpressionValidator	ControlToValidate：Phone ErrorMessage：格式不正确 ForeColor：Blue ValidationExpression：见步骤（3）

（2）性别的验证使用的 CustomValidator 验证控件，该验证控件既可以使用 Javascript 编写客户端脚本验证，也可以采用事件代码服务器端验证，这里采用客户端脚本验证方法。在 HTML 源代码的＜head＞＜/head＞标签对中增加 Javascript 脚本代码如下：

```
<script language="javascript" type="text/javascript">
    function ClientValidate_Message(source, args) {
        if(args.Value=="男" || args.Value=="女") {
            args.IsValid=true;
        }
        else { args.IsValid=false; }
    }
</script>
```

（3）固定电话验证中的正则表达式可基于"中华人民共和国电话号码"表达式进行修改。默认的表达式中的区号只能是 3 位，我们只需按照规则增加 4 为区号规则即可，修改后完整的正则表达式为：

```
(\(\d{3}\)|\d{3}-|\(\d{4}\)|\d{4}-)?\d{8}
```

（4）汇总验证控件 ValidationSummary 可根据项目实际需要添加。这里我们在表格的下面添加 ValidationSummary 控件，设置 showMessageBox 为 True，ShowSummary 为 False。

（5）给注册按钮增加事件代码如下：

```
protected void Register_Click(object sender, EventArgs e)
{
    if(Page.IsValid)
        Response.Write("<script>alert('恭喜你,注册成功');</script>");
}
```

（6）首次运行程序,会发现出现运行环境错误,如图 6-2 所示。

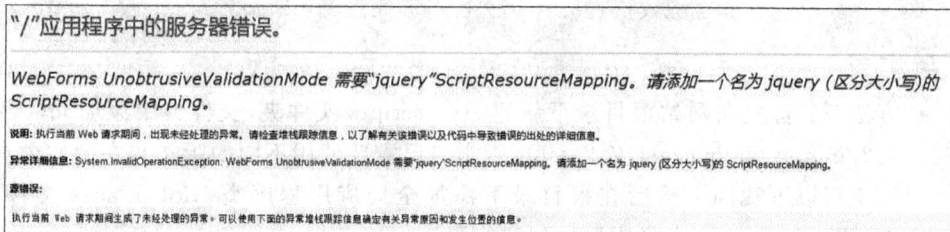

"/"应用程序中的服务器错误。

WebForms UnobtrusiveValidationMode 需要"jquery"ScriptResourceMapping。请添加一个名为 jquery (区分大小写)的 ScriptResourceMapping。

说明:执行当前 Web 请求期间,出现未经处理的异常。请检查堆栈跟踪信息,以了解有关该错误以及代码中导致错误的出处的详细信息。

异常详细信息: System.InvalidOperationException: WebForms UnobtrusiveValidationMode 需要"jquery"ScriptResourceMapping。请添加一个名为 jquery (区分大小写)的ScriptResourceMapping。

源错误:

执行当前 Web 请求期间生成了未经处理的异常。可以使用下面的异常堆栈跟踪信息确定有关异常原因和发生位置的信息。

图 6-2　关键点 a 运行截图

究其原因,主要是因为在 Visual Studio 2012(或 2013) WebForm 4.5 开发中,很多控件默认值为 Enable 的 Unobtrusive ValidationMode 属性,但并未对其进行赋值,(所谓 Unobtrusive Validation,就是一种隐式的验证方式和 jQuery 的引用相关),开发人员必须手动对其进行设置。在进行数据验证时使用的各种 validator,以及进行 authorization 及 authentication 设置时,需要在前端调用 jQuery 来进行身份验证,都默认 Enable 的 Unobtrusive ValidationMode。如果不对该属性进行配置,将会产生 ERROR。

解决方法主要有三种:

- 方法一:在程序允许的情况下,在 Web.config 配置文件中,降低.Framework 的版本,具体方法如下:

```
<!--修改前-->
<system.web>
<compilation debug="true" targetFramework="4.5" />
<httpRuntime targetFramework="4.5" /><!--将其删除-->
</system.web>
<!--修改后-->
<system.web>
<compilation debug="true" targetFramework="4.0" />
</system.web>
```

- 方法二:更改 Web.config 配置文件设置 Unobtrusive ValidationMode 的类型,具体方法如下:

```
<!--修改前-->
    <system.web>
    <compilation debug="true" targetFramework="4.5" />
    <httpRuntime targetFramework="4.5" />
```

```
    </system.web>
    <!--修改后-->
    <system.web>
    <compilation debug="true" targetFramework="4.5" />
    <httpRuntime targetFramework="4.5" />
    </system.web>
<appSettings>
<add key="ValidationSettings:UnobtrusiveValidationMode" value="None" />
</appSettings>
```

- 方法三：首先在网站根目录下新建一个 scripts 文件夹，文件夹中添加 jquery-1.
  7.2.min.js 和 jquery-1.7.2.js(可根据自己需要使用不同的版本)，在微软公司官
  网上可以下载到。然后在根目录下添加全局应用程序类 Global.asax 文件，在
  Application_Start 事件中添加如下代码：

```
ScriptManager.ScriptResourceMapping.AddDefinition("jquery",
  new ScriptResourceDefinition
  { Path="~/scripts/jquery-1.7.2.min.js",
    DebugPath="~/scripts/jquery-1.7.2.js",
    CdnPath="http://ajax.microsoft.com/ajax/jQuery/jquery-1.7.2.min.js",
    CdnDebugPath="http://ajax.microsoft.com/ajax/jQuery/jquery-1.7.2.js"
});
```

(7) 修改正常后，运行程序，测试验证控件作用。主要观察几个关键点：

a. 页面打开马上单击注册按钮，错误提示信息如图 6-3 所示；

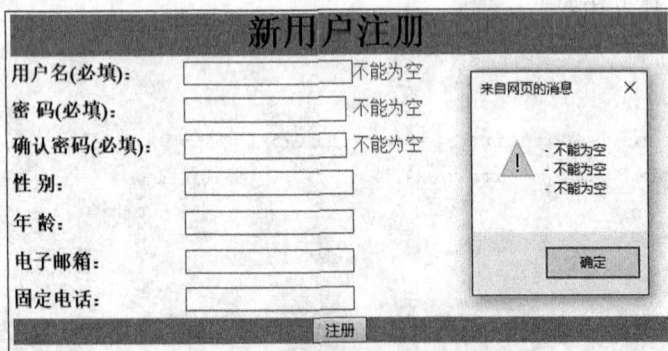

图 6-3　关键点 a 运行截图

　b. 确认密码和密码不一致时，错误提示信息如图 6-4 所示，注意 Display 属性的
作用；

　c. 必填项验证通过后，单击注册按钮，注册成功，如图 6-5 所示；

　d. 可选项错误信息提示，如图 6-6 所示；

　e. 所有信息通过验证后结果如图 6-5 所示。

图 6-4 键点 b 运行截图

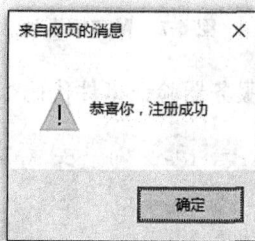

图 6-5 键点 c 和 e 运行截图

图 6-6 键点 d 运行截图

该实例使用六种验证控件,实现了注册功能的简单验证,对于复杂的验证功能,可以结合属性 ValidationGroup 进行分组验证,有兴趣的读者可以自行实现。

实例 6-2 CustomValidator 控件的客户端和服务器端验证。

CustomValidator 验证控件功能具有强大和适用性高的特点。Visual Studio 中自带的简单验证功能毕竟有限,而 CustomValidator 验证控件支持用户自定义验证,无论客户端还是服务器端。现在通过一个简单的实例介绍客户端验证和服务器端验证。

要求实现一个简单评价功能,在服务器端验证评价分数是否大于 0 小于 100,符合范围则通过验证;在客户端验证意见内容是否少于 20 个字,不少于 20 个字则通过验证。实现步骤如下。

（1）创建页面控件布局如图 6-7 所示，并设置好控件关联 ControlToValidate 属性。

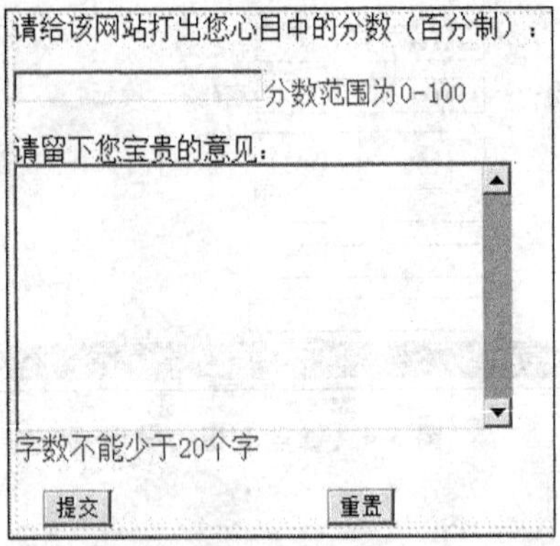

请给该网站打出您心目中的分数（百分制）：

分数范围为0-100

请留下您宝贵的意见：

字数不能少于20个字

提交　　　　　重置

图 6-7　留言板设计

（2）评分验证控件 Score 的服务器验证事件代码如下：

```
protected void Score_ServerValidate(object source, ServerValidateEventArgs
args)
{
    int n=int.Parse(args.Value);
    if(n>=0 && n<=100)
        args.IsValid=true;
    else
        args.IsValid=false;
}
```

（3）字数验证控件 Suggestion 的客户端验证 HTML 代码如下，并将验证控件的 ClientValidationFunction 属性设置为 ClientValidate_Message。

```
<script>
    function ClientValidate_Message(source, args)
    {
        if(args.Value.length>=20)
            args.IsValid=true;
        else
            args.IsValid=false;
    }
</script>
```

（4）"提交"和"重置"按钮事件代码如下：

```
protected void Submit_Click(object sender, EventArgs e)
{
```

```
if(Page.IsValid)
    Response.Write("<script>alert('提交成功');</script>");
else
    Response.Write("<script>alert('提交失败');</script>");
}


protected void Reset_Click(object sender, EventArgs e)
{
    TxtScore.Text="";
    TxtSuggestion.Text="";
}
```

（5）运行程序。当意见内容少于20个字，验证不通过，这是客户端验证，调用脚本函数 ClientValidate_Message，如图6-8所示；当评价分数为负数时，验证不通过，这是服务器验证，ServerValidate 事件，如图6-9所示。当验证通过后，单击"提交"按钮，显示"提交成功！"，重置为清空文本框功能。

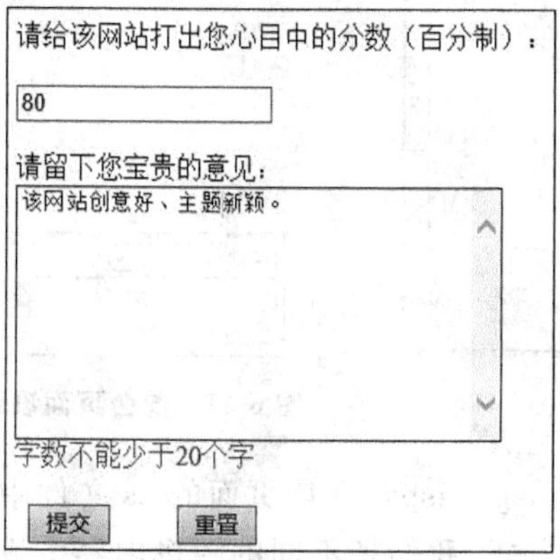

图6-8 意见客户端验证不通过

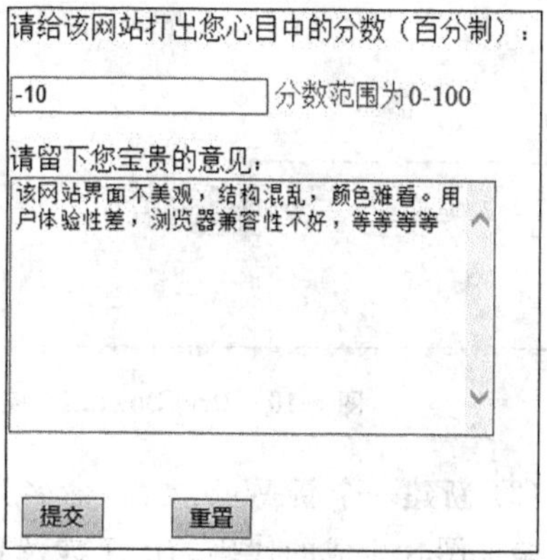

图6-9 分数服务器验证不通过

实例6-3 随机验证码的实现。

老网民们大概都记得，刚开始上网的时候，是不存在验证码（captcha）这么一种东西的？这造成的结果是，垃圾评论和垃圾邮件可以轻松通过任何一个网站的注册程序，通过各种方式轰炸人民群众的眼球。最先想要解决这一问题的是雅虎，那时计算机辨识技术还很落后，对于经过扭曲、污染的文字，无法辨识。而人类却可以轻松认出这些文字。这是一个简单而巧妙的设计，计算机先是产生一个随机的字符串，然后用程序把这个字符串的图像进行随机的污染、扭曲，再显示给显示器前的人或者机器。凡是能够辨识这些字符的，即为人类。不少网站为了防止用户利用机器人自动注册、登录、灌水，都采用了验证码技术。

验证码一般是防止有人利用机器人自动批量注册、对特定的注册用户用特定程序暴力破解方式进行不断的登录、灌水。因为验证码是一个混合了数字或符号的图片，人眼看起来都费劲，机器识别起来就更困难。发展到现在，验证码的表现方式是多种多样的，但是万变不离其宗,主要是通过图形来加大计算机识别的难度,从而防止恶意攻击。

在 ASP.NET 中使用简单随机验证码的方法主要通过两种方式实现,一种是下载第三方验证插件,另一种是通过编程实现。在这里我们讲解第二种方法,实现一个纯数字的 4 位验证码,过程如下:

(1) 新建一个 Web 页面,命名为 Eg6_3.aspx,添加一个 DropDownList 控件(DropDownList1),编辑项,如图 6-10 所示,另外添加一个文本框(UserText),用于填写验证码;一个 Image 控件(ValidateImg),用于显示随机验证码;一个按钮(btValidate),用于验证事件的触发。页面设计如图 6-11 所示。

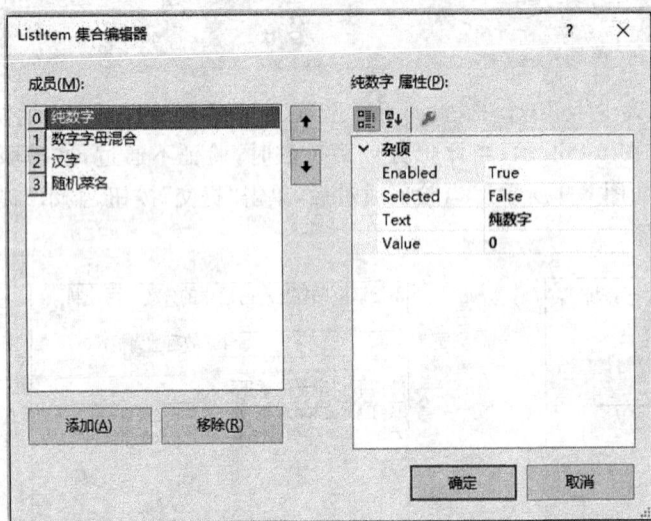

图 6-10　DropDownList 控件编辑项　　　　图 6-11　前台页面设计图

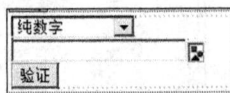

(2) 新建一个新 Web 页面,命名为 ValidateImage.aspx,在该页面的 oo 文件中添加随机验证图片生成的代码。由于涉及到多种验证方式,我们把不同的随机内容生成的代码独立成方法。

• 纯数字内容生成方法,代码如下:

```
private String GetRandomint(int codeCount)
{
    Random random=new Random();
    string min="";
    string max="";
    for(int i=0; i<codeCount; i++)
    {
        min +="1";
        max +="9";
    }

    return (random.Next(Convert.ToInt32(min), Convert.ToInt32(max)).
    ToString());
}
```

- 数字字母混合内容生成方法，代码如下：

```
private string CreateRandomCode(int codeCount)
{
    string allChar= "0,1,2,3,4,5,6,7,8,9,A,B,C,D,E,F,G,H,I,J,K,L,M,N,O,P,
    Q,R,S,T,U,W,X,Y,Z,a,b,c,d,e,f,g,h,i,j,k,l,m,n,o,p,q,r,s,t,u,v,w,x,y,
    z";
    string[] allCharArray=allChar.Split(',');
    string randomCode="";
    int temp=-1;
    Random rand=new Random();
    for(int i=0; i<codeCount; i++)
    {
        if(temp !=-1)
        {
            rand=new Random(i * temp * ((int)DateTime.Now.Ticks));
        }
        int t=rand.Next(61);
        if(temp==t)
        {
            return CreateRandomCode(codeCount);
        }
        temp=t;
        randomCode +=allCharArray[t];
    }
    return randomCode;
}
```

- 汉字内容生成方法，代码如下：

```
public static object[] CreateRegionCode(int strlength)
{
        //定义一个字符串数组储存汉字编码的组成元素
    string[] rBase=new String[16] { "0", "1", "2", "3", "4", "5", "6", "7",
    "8", "9", "a","b", "c", "d", "e", "f" };
    Random rnd=new Random();
        //定义一个 object 数组用来
    object[] bytes=new object[strlength];
        /*每循环一次产生一个含两个元素的十六进制字节数组,并将其放入 object 数组
            中,每个汉字有四个区位码组成区位码第 1 位和区位码第 2 位作为字节数组第一
            个元素区位码第 3 位和区位码第 4 位作为字节数组第二个元素 */
    for(int i=0; i<strlength; i++)
    {
```

```
//区位码第 1 位
int r1=rnd.Next(11, 14);
string str_r1=rBase[r1].Trim();

//区位码第 2 位
rnd=new Random(r1 * unchecked((int)DateTime.Now.Ticks) +i);
//更换随机数发生器的种子避免产生重复值
int r2;
if(r1==13)
{
    r2=rnd.Next(0, 7);
}
else
{
    r2=rnd.Next(0, 16);
}
string str_r2=rBase[r2].Trim();

//区位码第 3 位
rnd=new Random(r2 * unchecked((int)DateTime.Now.Ticks) +i);
int r3=rnd.Next(10, 16);
string str_r3=rBase[r3].Trim();

//区位码第 4 位
rnd=new Random(r3 * unchecked((int)DateTime.Now.Ticks) +i);
int r4;
if(r3==10)
{
    r4=rnd.Next(1, 16);
}
else if(r3==15)
{
    r4=rnd.Next(0, 15);
}
else
{
    r4=rnd.Next(0, 16);
}
string str_r4=rBase[r4].Trim();

//定义两个字节变量存储产生的随机汉字区位码
byte byte1=Convert.ToByte(str_r1 +str_r2, 16);
byte byte2=Convert.ToByte(str_r3 +str_r4, 16);
```

```
        //将两个字节变量存储在字节数组中
        byte[] str_r=new byte[] { byte1, byte2 };

        //将产生的一个汉字的字节数组放入 object 数组中
        bytes.SetValue(str_r, i);
    }
    return bytes;
}
private string stxt(int num)
{
    Encoding gb=Encoding.GetEncoding("gb2312");

    //调用函数产生 10 个随机中文汉字编码
    object[] bytes=CreateRegionCode(num);
    string strtxt="";

    //根据汉字编码的字节数组解码出中文汉字
    for(int i=0; i<num; i++)
    {
        strtxt +=gb.GetString((byte[])Convert.ChangeType(bytes[i], typeof
        (byte[])));
    }
    return strtxt;
}
```

- 生成菜单名内容方法，代码如下：

```
private string CreateRandomMenu(int codeCount)
{
    string[] allmenu=new string[] { "宫保鸡丁", "糖醋里脊", "鱼香肉丝", "水煮肉
    片" };
    Random random=new Random();
    int i=random.Next(0, 4);
    string randomCode=allmenu[i];
    return randomCode;
}
```

（3）随机内容生成之后，需要将内容图形化，需要用到画图功能，画图方法代码如下：

```
private void CreateImage(string checkCode)
{
    string strNum=checkCode;
    string strFontName;
    int iFontSize;
```

```
int iWidth;
int iHeight;
strFontName="宋体";
iFontSize=12;
iWidth=20 * strNum.Length;
iHeight=25;

Color bgColor=Color.Yellow;
Color foreColor=Color.Red;

Font foreFont=new Font(strFontName, iFontSize, FontStyle.Bold);

Bitmap Pic=new Bitmap(iWidth, iHeight, PixelFormat.Format32bppArgb);
Graphics g=Graphics.FromImage(Pic);
Rectangle r=new Rectangle(0, 0, iWidth, iHeight);

g.FillRectangle(new SolidBrush(bgColor), r);

g.DrawString(strNum, foreFont, new SolidBrush(foreColor), 2, 2);
MemoryStream mStream=new MemoryStream();
Pic.Save(mStream, ImageFormat.Gif);
g.Dispose();
Pic.Dispose();

Response.ClearContent();
Response.ContentType="image/GIF";
Response.BinaryWrite(mStream.ToArray());
Response.End();
```

（4）随机验证码方法的调用，需要根据 DropDownList 的选项来决定，而 ValidateImage. aspx 生成图片页和 DropDownList 不在同一页，用 Session 传递选项参数，在这里，给 ValidateImage. aspx 的 Page_Load 添加事件代码，代码如下：

```
protected void Page_Load(object sender, EventArgs e)
{
    switch(Request.QueryString["myselect"])
    {
        case "0":
            Session["img"]=GetRandomint(4);
            break;
        case "1":
            Session["img"]=CreateRandomCode(4);
            break;
```

```
        case "2":
            Session["img"]=stxt(4);
            break;
        case "3":
            Session["img"]=CreateRandomMenu(1);
            break;
    }
    CreateImage(Session["img"].ToString());
}
```

（5）在 Eg6_3. aspx 页面中，首先设置 Image 控件的 ImageUrl 属性为 ValidateImage. aspx 页面路径。此时编辑状态的设计页面就看不到 Image 控件了，HTML 代码中可以看到属性是否设置正确。

（6）在 Eg6_3. aspx 页面中，添加 Page_Load 初始化事件，以及 DropDownList 控件和验证按钮的事件代码，代码如下：

```
protected void Page_Load(object sender, EventArgs e)
{
    if(!IsPostBack)
        ValidateImg.ImageUrl="ValidateImage.aspx?myselect=0";
}
protected void DropDownList1_SelectedIndexChanged(object sender, EventArgs e)
{
    switch(DropDownList1.SelectedValue)
    {
        case "0":
            ValidateImg.ImageUrl="ValidateImage.aspx?myselect=0";
            break;
        case "1":
            ValidateImg.ImageUrl="ValidateImage.aspx?myselect=1";
            break;
        case "2":
            ValidateImg.ImageUrl="ValidateImage.aspx?myselect=2";
            break;
        case "3":
            ValidateImg.ImageUrl="ValidateImage.aspx?myselect=3";
            break;
    }
}
protected void btValidate_Click(object sender, EventArgs e)
{
    if(UserText.Text !="" && UserText.Text !=null)
    {
```

```
if(UserText.Text==Session["img"].ToString())
    Response.Write("<script>alert('OK,正确');</scirpt>");
else
    Response.Write("<script>alert('验证码不符合');</scirpt>");
  }
}
```

（7）从 Eg6_3.aspx 页面开始运行，即可查看随机验证码的生成，如图 6-12 所示。

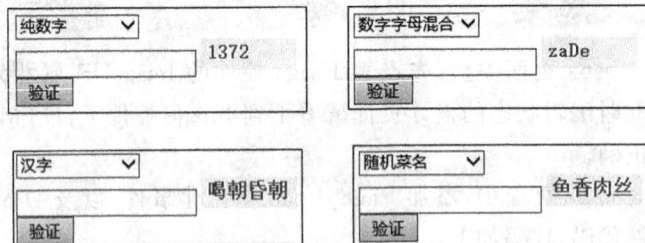

图 6-12　运行结果

（8）改程序可以进一步扩展，例如将 Image 控件改成 ImageButton，实现单击更换图片功能；还可以增加一个文本框，实现随机内容位数的控制，有兴趣的读者可以研究实现。

6.4　本章小结

本章主要介绍了 ASP. NET 中常用到的 RequiredFieldValidator、CompareValidator、RangeValidator、RegularExpressionValidator、CustomValidator 和 ValidationSummary 第 6 种验证控件，通过举例，使读者理解并学会使用各种验证控件，进而能应用到网站中实现信息的基本验证。

更多功能强大和个性的验证，需要用户通过编程来实现，既可以是 Javascript 实现的客户端验证，也可以是 .NET 编程实现的服务器端验证。对于同一个控件可以使用多个验证控件，以保证内容的正确性、完整性。但要注意，应用同一控件的验证控件对信息的限制不应起冲突。

习　　题

1. 简述一下本章各个验证控件的作用和适用范围。
2. 简述客户端认证和服务端认证的区别。
3. 将实例 6-1 的必填项和非必填项实现验证功能。
4. 利用 CustomValidator 控件实现身份证号码的客户端验证和服务器端验证功能。
5. 通过网络了解现在随机验证码的表现方式，并下载使用一种第三方插件实现验证。

第7章

数据库技术

数据库(DataBase,DB)是一个长期存储在计算机内的、有组织的、有共享的、统一管理的数据集合。它是一个按数据结构来存储和管理数据的计算机软件系统。在网站的开发过程中,如何存取数据库是最常用的技术。

.NET Framework 提供了多种存取数据库的方式,可以使用.NET 为数据库专门开发的数据源控件和数据绑定控件实现简单的数据库操作,而无须涉及过多的 SQL 语句;也可以使用 LINQ 技术通过程序语句进行复杂的数据库操作。

7.1 建立 SQL Server Express LocalDB 数据库

SQL Server Express LocalDB 是 SQL Server 系列中的精简版,允许无偿获取并免费再分发,同时对系统配置的要求相对比较低,非常适合于中小型企业的开发应用。SQL Server Express LocalDB 与 ASP.NET 紧密集成,在安装 Visual Studio 2013 时,与 ASP.NET 一同安装。这样用户就可以在 Visual Studio 2013 软件环境中创建并管理数据库。

(1) 要在 Visual Studio 2013 开发环境中创建 SQL Server Express LocalDB 数据库,首先在"解决方案资源管理器"中添加 App_Data 文件夹,如图 7-1 所示。

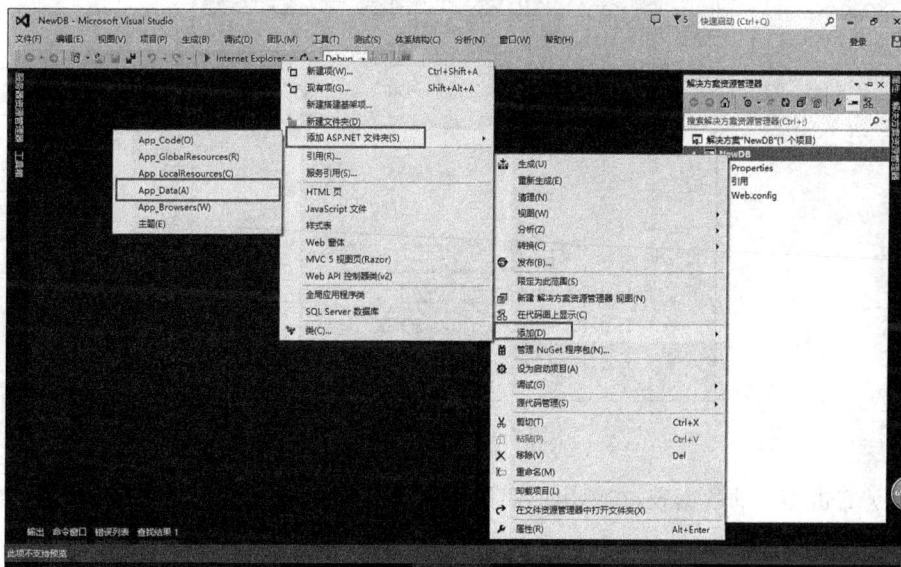

图 7-1 添加 App_Data 文件夹

（2）右击 App_Data 文件夹，在弹出的右键菜单中选择"添加新项"命令，然后选择"SQL Server 数据库"模版，单击"添加"按钮即可新建数据库。此时，Visual Studio 2013 中"服务器资源管理器"面板中的数据连接中会自动添加刚才创建的 SQL Server Express LocalDB 数据库，如图 7-2 所示。

（3）下面对数据库的操作类似 SQL Server 数据库环境中操作。在"服务器资源管理器"中展开此数据库目录后，右击"表"，在弹出的菜单中选择"添加新表"命令，即可建立数据表的结构，如图 7-3 所示。

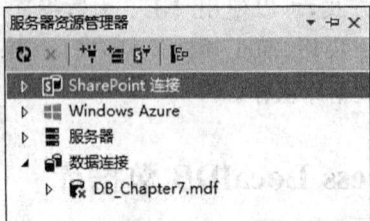

图 7-2　新建数据库 DB_Chapter7.mdf 文件　　　　　　图 7-3　添加新表 1

需要注意的是，表名的需要通过代码处进行命名，单击"更新"生成数据表，如图 7-4 所示。

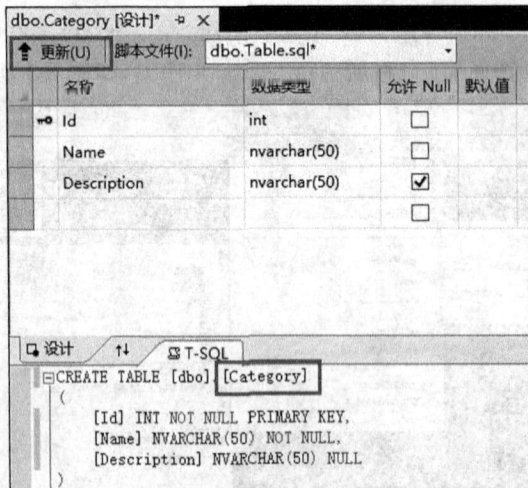

图 7-4　添加新表 2

（4）右击相应的数据表，在弹出的菜单中选择"显示表数据"命令，即可显示和修改表中记录，如图 7-5 所示。

（5）对于已经存在的数据库，只需要复制到 App_Data 文件夹中即可使用。

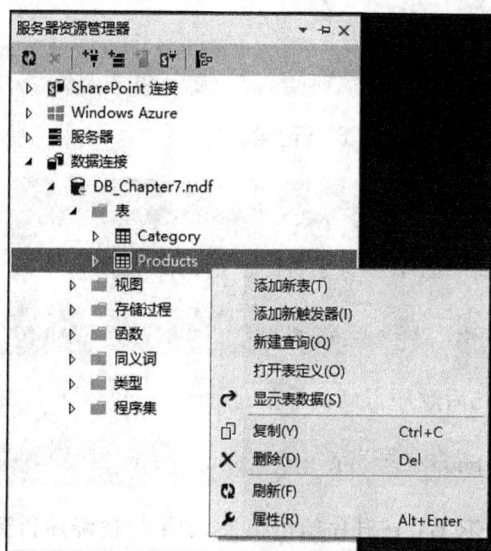

图 7-5 显示表数据界面

7.2 基本 SQL 语句

创建完数据库后,需要对基本 SQL 语句有一定的书写处理能力,才能更好地操作数据表数据。下面介绍 SQL 的四种基本语句。

假定已创建名为 DB_Chapter7 的数据库,其中包含一个名为 Products 的数据表,表中包含主键(Id)、种类号(Category_Id)、商品名(Name)、数量(Num)和价格(Price)等 5 个字段,其中主键是自累加 Int 型。

7.2.1 SELECT 查询语句

SELECT 语句是 SQL 中最常用的语句之一,用于从数据库中按照所给条件返回数据。

SELECT 语句的完整语法为:

```
SELECT[ALL|DISTINCT|DISTINCTROW|TOP] {*|[field1,field2]} FROM tableName
[WHERE…]
[GROUP BY…]
[HAVING…]
[ORDER BY…]
```

示例 1:检索 Products 表中的所有数据。

```
SELECT * FROM Products
```

示例 2:明确地指定希望得到的一列或多列。例如,如果只选择商品名和数量,语句如下：

```
SELECT Name,Num FROM Products
```

示例 3：选择 Products 表的前 5 条记录。

```
SELECT top 5 * FROM Products
```

示例 4：查询所有商品名中含有字符"宝"的商品名。

```
SELECT  Name  FROM  Products  WHERE  Name  LIKE '%宝%'
```

示例 5：按商品名先后顺序得到商品信息。

```
SELECT * FROM Products ORDER BY  Name
```

默认情况下，ORDER BY 按升序给出结果，如果想按降序得到结果，可以使用 DESC 关键字。

7.2.2 INSERT 插入语句

INSERT 语句用于向表中添加新的记录，语法为：

```
INSERT INTO 表名 (列 1,列 2,…) VALUES (值 1,值 2,…);
```

示例：往 Products 表中添加一个商品记录。

```
INSERT INTO Products VALUES(3,'大宝',10,10.5);
```

7.2.3 UPDATE 更新语句

UPDATE 语句用于修改数据库中已经存在的记录，格式如下：

```
UPDATE 表名   SET 列名 1=新值 1, 列名 2=新值 2,… [WHERE 条件子句]
```

示例：将每个商品的数量都加 1。

```
UPDATE Products SET Num=Num+1
```

7.2.4 DELETE 删除语句

DELETE 语句用于删除一个表中现有的记录，格式如下：

```
DELETE FROM 表名 [WHERE 条件]
```

WHERE 子句是可选的，指定所要删除的记录。如果没有指定，表中的每个记录都被删除。

示例：删除种类号为 1 的商品。

```
DELETE FROM Products WHERE Category_Id=1
```

7.3　数据源控件和数据绑定控件

数据源控件主要用于实现从不同数据源获取数据的功能，通过数据源控件中定义的各种事件，可以实现 SELECT、INSERT、DELETE 和 UPDATE 等数据操作。本章主要介绍常用的 SqlDataSource 数据源控件。SqlDataSource 控件可以用来访问 Access、SQL Server、SQL Server Express、Oracle、ODBC 数据源和 OLEDB 数据源。使用 SqlDataSource 连接数据源不需要编写代码，只需按"配置数据源"向导逐步设置就可以了。

数据绑定控件是指能够支持数据库集合数据显示的控件，只要能够支持集合的控件，都可以作为数据绑定的控件，如图 7-6 所示。

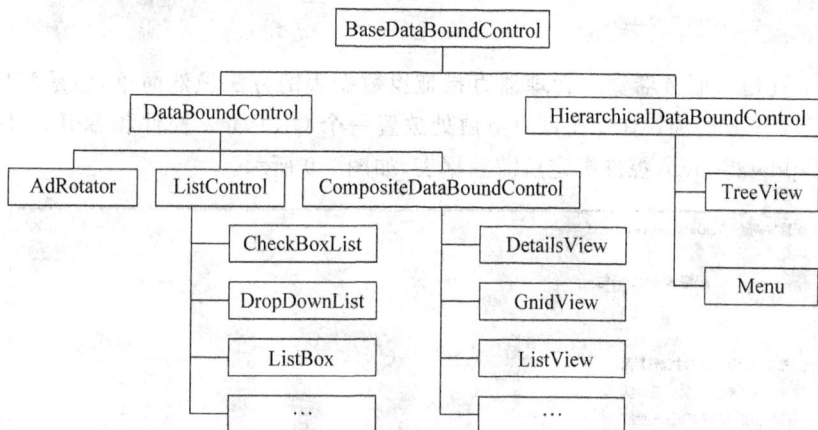

图 7-6　数据绑定控件

下面通过具体实例来讲解用数据源控件结合数据绑定控件实现数据操作。

实例 7-1　利用 SqlDataSource 和 GridView 进行数据操作。

GridView 控件用于显示二维表格式的数据，可以在不编写任何代码（仅设置属性）的情况下，实现数据绑定、分页、排序、行选择、更新、删除等功能，是一个使用简单而功能强大的数据显示控件。

（1）在服务器资源管理器中将需要显示的表拖曳至页面空白处，即可发现在页面上会自动增加 GridView 控件和 SqlDataSource 控件，如图 7-7 所示。

（2）运行该页面，即可显示该表数据，表明 SqlDataSource 控件已经自动配置好数据源，获取了数据；而 GridView 控件也已经绑定好数据，用于显示数据，如图 7-8 所示，运行时 SqlDataSource 控件不显示。

（3）打开 Web.config 文件，会发现已经添加了数据源连接字符串，代码如下：

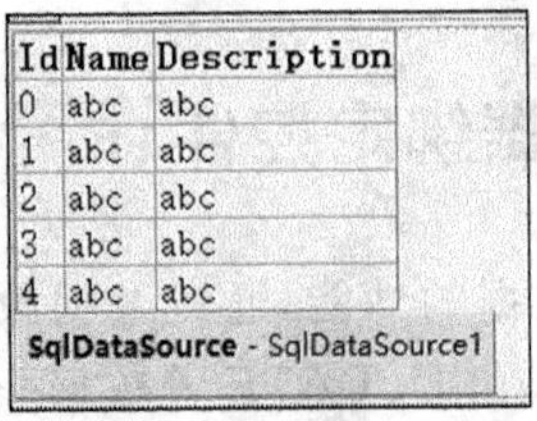

图 7-7 拖曳生成数据控件

图 7-8 数据显示结果

```
<connectionStrings>
<add name="DB_Chapter7ConnectionString1" connectionString="Data
Source=(LocalDB)\v11.0;AttachDbFilename=|DataDirectory|\DB_Chapter7.
mdf;Integrated Security=True" providerName="System.Data.SqlClient"
/>
</connectionStrings>
```

（4）上述通过服务器资源管理器直接拖曳数据表的方法虽然简单，但是配置过程不明了，一般操作方法为：首先在页面空白处放置一个 GridView 控件和 SqlDataSource 控件，配置 SqldataSource 控件绑定所需数据表，如图 7-9 所示。

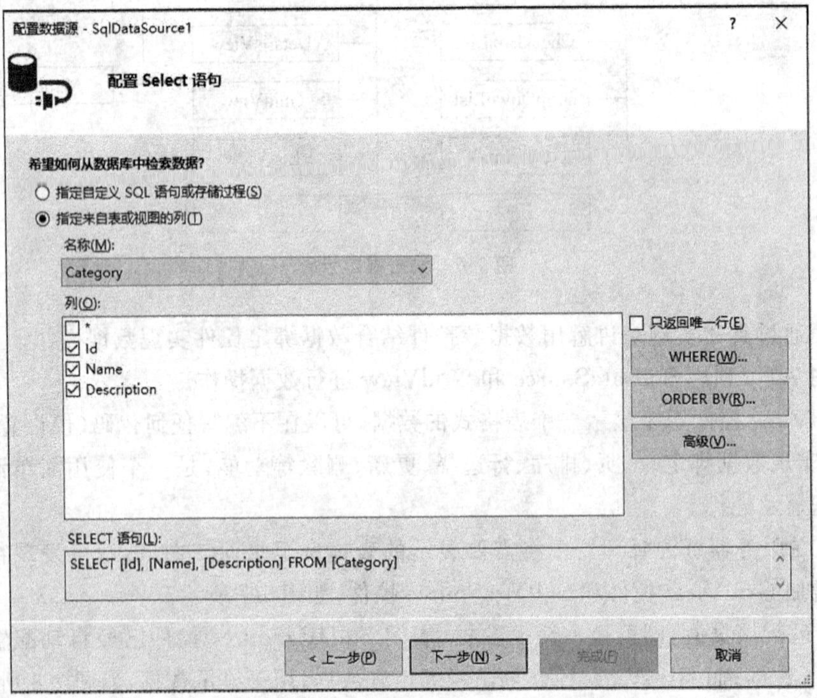

图 7-9 SqldataSource 选择数据表

（5）按照需要配置 WHERE 条件或者 ORDER BY 排序，按照向导完成配置即可。

（6）单击图 7-9 中的高级按钮，打开如图 7-10 所示的高级 SQL 生成选项面板，勾选"生成 INSERT、UPDATE 和 DELETE 语句"选项，可以激活高级数据库操作功能。

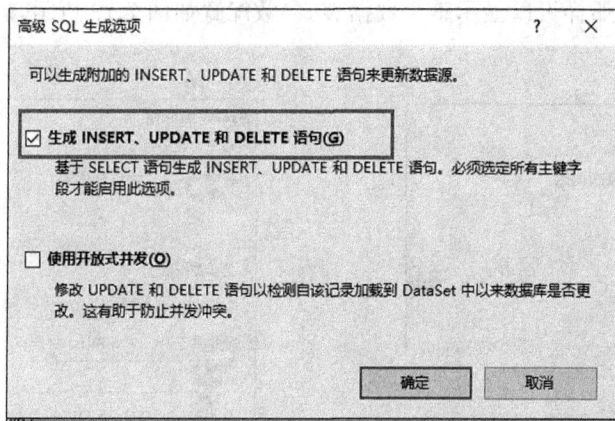

图 7-10　高级 SQL 生成选项

（7）GridView 控件选择对应的 SqldataSource 控件即可实现数据绑定操作，并且勾选启用编辑和删除功能选项，如图 7-11 所示。

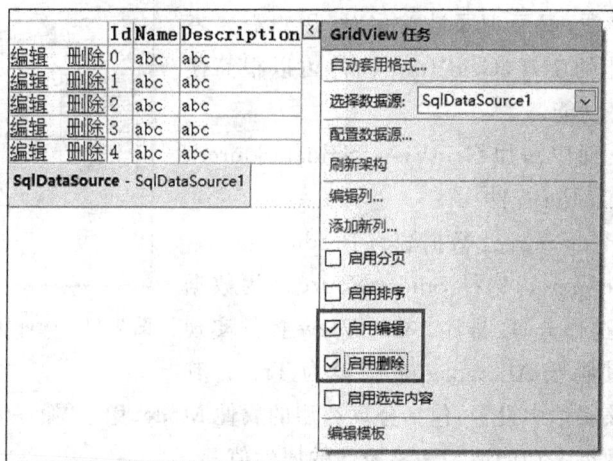

图 7-11　GridView 控件绑定数据源

（8）运行程序，即可实现数据的显示、编辑以及删除功能。

实例 7-2　DropDownList 和 SqlDataSource 结合显示数据。

实际开发项目中，除了 GridView 控件以外，还可以使用其他数据显示控件，下面介绍 DropDownList 和 SqlDataSource 结合显示数据。

（1）在视图页面添加一个 SqlDataSource 控件和一个 DropDownList 控件。

（2）单击 SqlDataSource 控件的智能标记，选择"配置数据源的设置"，启动"配置数据源向导"，配置过程同实例 7-1。

（3）配置好 SqlDataSource 数据源后，选择 DropDownList 下拉列表控件，单击智能标记，弹出"数据源配置向导"面板，如图 7-12 所示。

（4）在图 7-12 中可以看到，DropDownList 控件只能显示数据表中的一列数据字段，而不似 GridView 那样可以显示整个数据表，参数配置如图 7-13 所示，运行结果如图 7-14 所示。

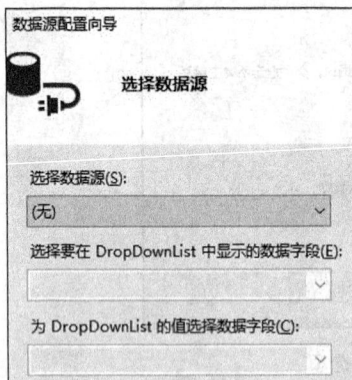

图 7-12　DropDownList 选择数据源

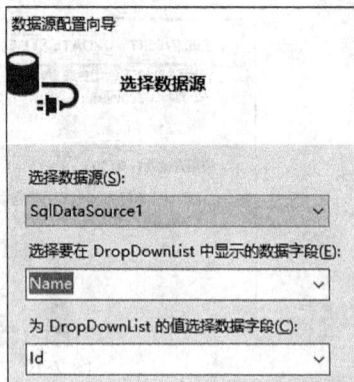

图 7-13　DropDownList 选择数据源参数配置

实例 7-3　GridView 的分页和排序。

对于数据表来说，显示记录数较多时，用户需要考虑分页和排序功能的实现，GridView 控件可以很简便地实现分页和排序功能。

（1）在新建页面中添加 GridView、SqldataSource、DropDownList 和 Lable 控件。

（2）配置 SqldataSource1 数据源为 Product 表。

（3）配置 GridView1，选择 SqldataSource1 为数据源，通过智能标记选择分页、排序。GridView 控件实现分页功能也可将其属性 Allowpaging 值设为 True。其

图 7-14　DropDownList 运行结果

分页效果可以在该属性中设置，包括分页类型的属性 Mode、用于"第一页"按钮图像 URL 的属性等。要实现更多功能请关注该控件的属性值。

（4）设置 DropDownList1 的属性，其源代码为：

```
<asp:DropDownList ID="DropDownList1" runat="server">
    <asp:ListItem>2</asp:ListItem>
    <asp:ListItem>3</asp:ListItem>
    <asp:ListItem>4</asp:ListItem>
</asp:DropDownList>
```

（5）启用 DropdownList 的 SelectedIndexChanged 事件，并进行后台代码设置。

```
protected void DropDownList1_SelectedIndexChanged(object sender, EventArgs e)
{
    GridView1.PageSize=Convert.ToInt32(DropDownList1.SelectedValue);
    GridView1.DataBind();
}
```

（6）启用 GridView 的 RowDataBound 事件，并进行后台代码设置。

```
Protectd void GridView1_RowDataBound(object sender,GridViewRowEventArgs e)
{
    Label1.Text="当前页为第"+ (GridView1.PageIndex+1).ToString()+"页,共有"
    +GridView1.PageCount.ToString()+"页";
}
```

按 F5 键调试程序，运行结果如图 7-15 所示。

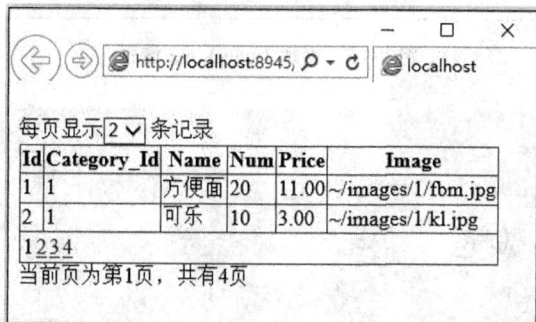

图 7-15 DropDownList 分页运行结果

实例 7-4 自定义 GridView 绑定列。

数据表的列较多时，或者在特定情况下，不需要将所有的数据列展现出来，就需要定制列了，在实例 7-3 的基础上进行设置，具体操作步骤如下。

（1）在 GridView 的智能标记中选择"编辑列"，打开字段面板进行设置。

（2）对字段的定制主要涉及以下几点：首先可以删除不需要显示的字段，例如 Image 字段；其次，添加需要的字段，例如 ImageField 字段用于展现实际 Image 字段路径中的图像；第三，通过修改属性来改变字段的表现形式，例如设置字段的 HeaderText 属性改变原来字段的显示内容。设置细节如图 7-16 所示。

（3）每个字段的属性有很多，读者可以根据需要设置相关的属性，例如可以设置 CSS 来隐藏字段，注意不显示和隐藏的区别，一般主键和外键字段都需要作为关键字段显示，如果不显示程序结果会受到影响，但可以通过设置样式属性隐藏起来。

（4）对于该实例，主要修改的字段为 Id 字段和 Category_Id 字段的 HeaderStyle 和 ItemStyle 属性中的 CssClass,Css 属性为以下代码：

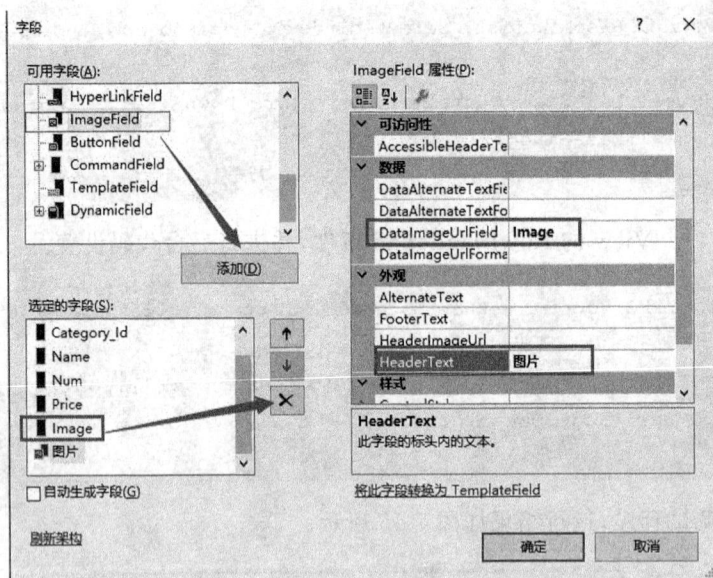

图 7-16　添加 ImageField 属性

```
<style>
    .Hide
    {
        display:none;
    }
</style>
```

（5）运行结果如图 7-17 所示。

实例 7-5　使用模版列。

在实际应用中，仅仅使用标准的列不能满足要求，如在编写字段时提供数据验证功能等。通过使用模板列能很好地解决这些问题。下面通过编辑模板列功能实现每条记录前添加复选框按钮控件，操作步骤如下。

（1）在实例 7-4 的基础上，通过智能标记打开"编辑列"功能，添加模板列TemplateField 和 CommandField 中的删除功能，如图 7-18 所示。

（2）在 GridView 智能标记处选择"编辑模板"，选择 Column[6] 并且在 ItemTemplate 和HeaderTemplate 中添加一个 CheckBox 控件，如图 7-19 所示。

（3）选中 HeaderTemplate 中的 CheckBox2 控件，将 CheckBox2 的 AutoPostBack 属性设置为 true，同时双击添加事件代码如下：

```
protected void CheckBox2_CheckedChanged(object sender, EventArgs e)
{
    //获取 GridView 标题行中 CheckBox2 的对象
    CheckBox chkall=(CheckBox)sender;
```

```
foreach(GridViewRow gvRow in GridView1.Rows)
{
    //获取 GridView 中被选择的对象
    CheckBox chkItem=(CheckBox)gvRow.FindControl("CheckBox1");
    chkItem.Checked=chkall.Checked;
}
}
```

图 7-17　编辑列后显示结果

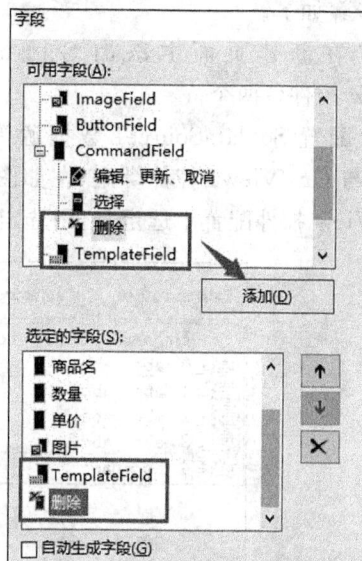

图 7-18　添加模板列

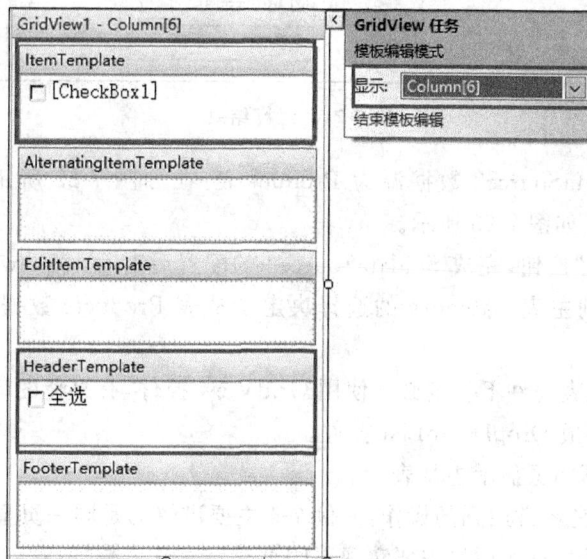

图 7-19　编辑模板

（4）运行即可实现全选和删除功能，如图 7-20 所示。

实例 7-6   在同一页显示主从表。

数据库中会有相关的多个数据表存在，而每个数据表一般都有相应的关系，可以通过外键建立关系，在项目中，经常需要通过对主表的选择，显示相应从表中的数据，如实例中使用的种类表 Category 和商品表 Products，需要展现不同种类的商品，具体操作步骤如下。

（1）在新建页面中添加 SqldataSource 和 GridView 控件各两个。

（2）配置 SqldataSource1 数据源为 Category 表，并且与 GridView1 控件绑定，在如图 7-21 所示的 GridView 控件配置中选定"启用选定内容"。

图 7-20   运行结果

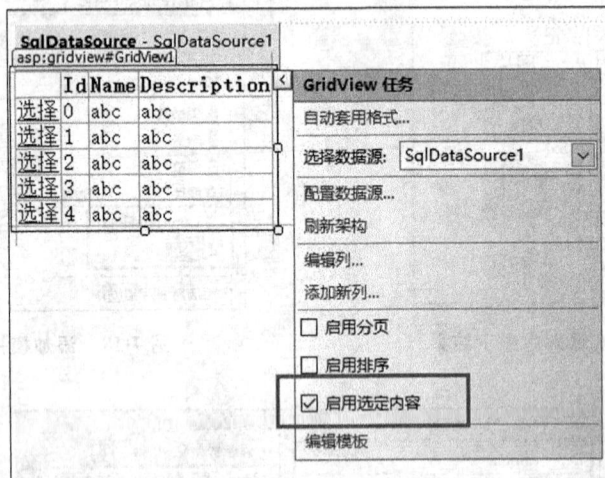

图 7-21   运行结果

（3）配置 SqldataSource2 数据源为 Product 表，在如图 7-22 所示的对话框中单击 WHERE 按钮，设置如图 7-23 所示。

（4）单击"添加"按钮，完成 SqldataSource2 的配置后对 GridView2 进行绑定。运行调试程序，即可看到主表 Category 的选择决定了从表 Products 数据的显示，如图 7-24 所示。

（5）当然，主从表控件不一定必须使用 GridView 控件，有兴趣的读者，可以将主表的 GridView 控件更换成 DropDownList 控件。

实例 7-7   在不同页显示主从表。

主从表的显示是经常用到的操作，实例 7-6 主要讲解的是同一页显示主从表，不涉及数据跨页传递的问题，有些项目需要实现不同页显示主从表数据，这就需要涉及不同页之间的参数传递，来决定从表的显示结果，下面介绍不同页显示主从表的操作步骤。

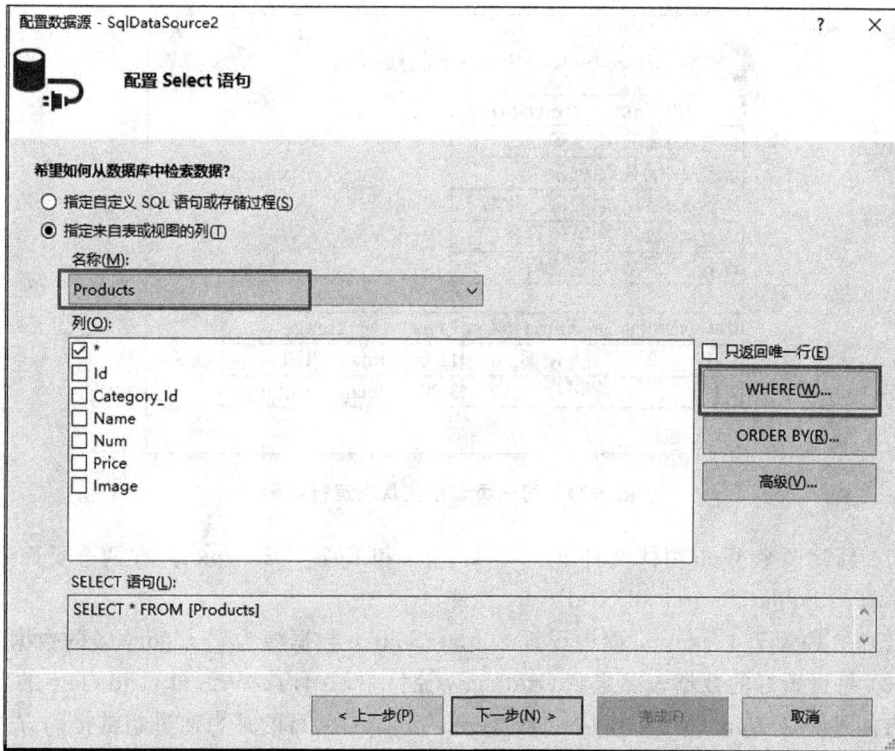

图 7-22 配置 Products 表的 WHERE 语句

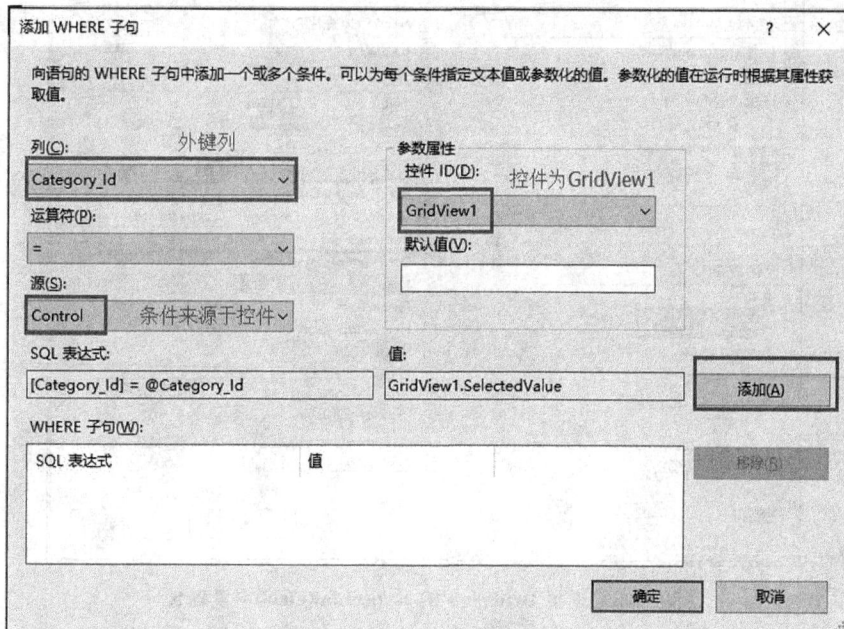

图 7-23 添加 WHERE 子句

图 7-24 同一页显示主从表运行结果

（1）新建两个 Web 窗体文件 Eg7_7_1.aspx 和 Eg7_7_2.aspx，并在两个页面中分别添加各自的 SqldataSource 和 GridView 控件。

（2）在 Eg7_7_1.aspx 页面中设置 SqldataSource 数据源为 Category 表的数据。

（3）将设置好的数据表绑定到 GridView 控件中，并且选择"编辑 GridView 的列"，删除原有的种类名 Name 字段，添加一个 HyperLinkField，目的是想通过超链接的方式将主键值绑定在 Name 字样上，传递给其他页。设置如图 7-25 所示。

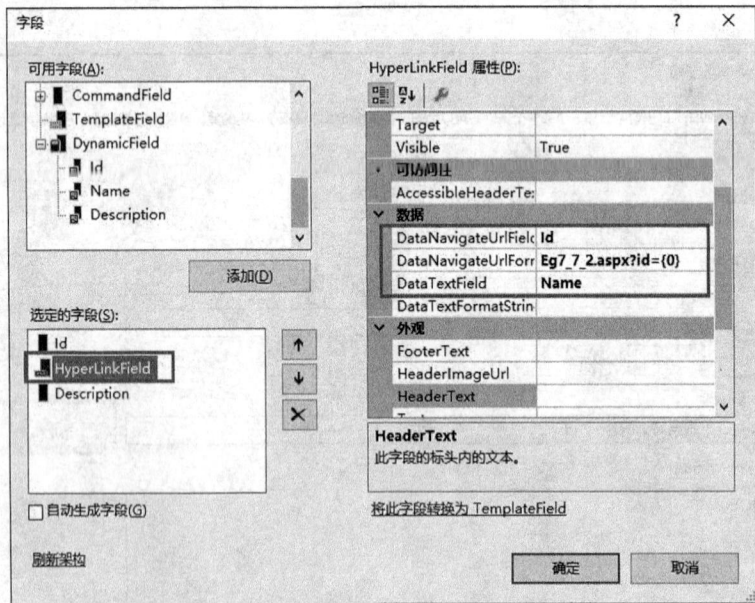

图 7-25 设置 GridView 的 HyperLinkField 字段属性

（4）对页面 Eg7_7_2.aspx 的 SqldataSource 数据源配置参考实例 7-6 所示，在选择 WHERE 条件时将"源"设置为 QueryString。如图 7-26 所示。

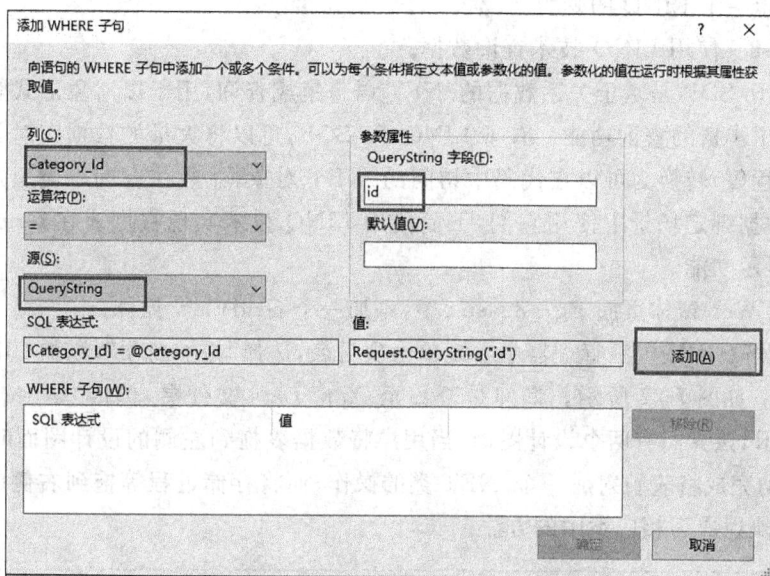

图 7-26　设置数据源的条件

（5）设置好的 SqldataSource 与 GridView 进行绑定，从 Eg7_7_1. aspx 运行程序。

7.4　LINQ 数据库技术

LINQ(Language Integrated Query)是一种与.NET Framework 中使用的编程语言紧密集成的新查询语言，为查询数据提供了一个统一的方法，使得可以像使用 SQL 查询数据库那样从.NET 编程语句中直接查询数据，并且具备很好的编译时语法检查、丰富的元数据、智能感知、静态类型等强类型语言的优点。此外，LINQ 还使得查询可以方便地对内存中的信息进行查询（而不仅仅只是外部数据源）。事实上，LINQ 语法部分借鉴了SQL 标准语言，熟悉 SQL 的编程人员能更容易上手。

基本的 SQL 查询语句与.NET 结合起来，开发一个小型的后台管理系统，整个过程是怎么样的？首先创建一个与数据库的连接，然后创建一个查询命令并存到一个字符串变量中，接着是打开数据库，之后执行并返回相应的结果，最后将数据库的连接关闭。那换成 LINQ 会怎样呢？答案是"简单得很"，只要通过 LINQ 中的 LINQ To SQL 简单地将要操作的目标数据表映射成.NET 中的一个类，之后就是类的对象直接调用了，对数据库的连接与关闭也不用关心。这样的话，就会发现，LINQ 数据查询已经与.NET 浑然天成了。而且在用标准 SQL 查询语言实现后台数据库的访问时，如果查询命令字符串写错了，系统是不能在编译时检测出来的，只有运行的时候才会报错。如果用 LINQ 查询的话，由于机制本身的原因，能够在系统编译时及时报错，提高了工程项目效率。

由于被集成到语言本身中，而不是特定的项目里，所以 LINQ 可以用于各种项目，包括 Web 应用程序、Windows 窗体应用程序、控件台应用程序等。下面用一个最简单经典的实例,展示一下 LINQ 的魅力。

实例 7-8 使用 LINQ 技术查询数据。

LINQ to SQL 是基于关系数据的.NET 语言集成查询,用于以对象形式管理关系数据,并提供了丰富的查询功能。有了 LINQ To SQL,可以将大量的数据库对象(如表、视图、存储过程等)转换为可以在代码中访问的.NET 对象,然后在查询中使用这些对象或是直接在数据绑定场景中使用它们,下面使用 LINQ 技术实现数据表在 GridView 控件中的数据显示功能。

(1) 在 Web 窗体页面 Eg7_8.aspx 中,添加一个 GridView 控件。

(2) 在解决方案资源管理器中右键单击项目名,选择"添加新项",添加 LINQ to SQL 类视图文件,如图 7-27 所示。询问是否移至 App_Data 文件夹,单击"是"按钮,界面如图 7-28 所示,该界面有两个设计图面,当用户将数据表拖到左侧的设计图面时,LINQ to SQL 会自动完成将表映射成一个.NET 类的操作;而将存储过程等拖到右侧的设计图面时,会将其映射成为相应类中的方法。

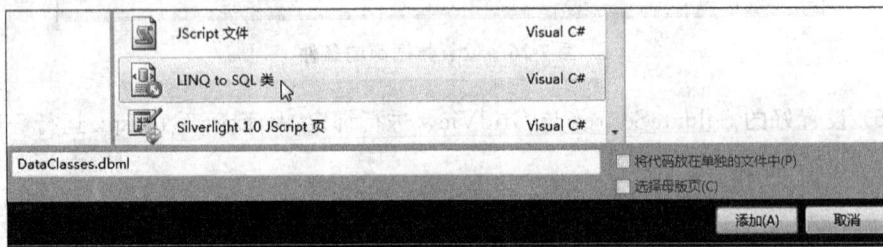

图 7-27 创建 LINQ to SQL 类

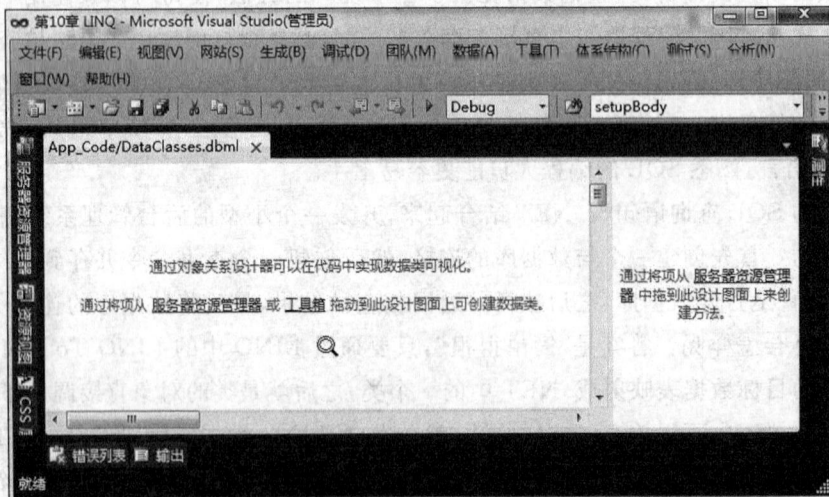

图 7-28 LINQ to SQL 类设计视图

(3) 将创建好的数据表 Category 和 Products 从"服务器资源管理器"中拖到左侧的设计图面中并保存,如图 7-29 所示。

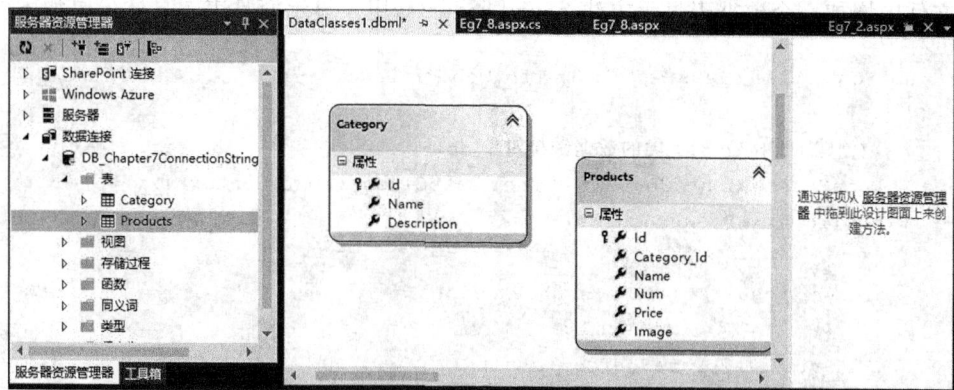

图 7-29 将数据表拖入设计视图

（4）在后台 CS 文件的 Page_Load 事件中写代码，实现数据表 Category 显示功能，代码如下。

```
public partial class Eg7_8: System.Web.UI.Page
{
    //创建 LINQ To SQL 类的数据链接对象 db
    DataClasses1DataContext db=new DataClasses1DataContext();
    protected void Page_Load(object sender, EventArgs e)
    {
        //利用 LINQ 的 SELECT 语句实现数据库查询结果集
        var results=from r in db.Category
                    select r;
        //给数据显示控件 GridView1 指明数据源，并实现数据绑定
        GridView1.DataSource=results;
        GridView1.DataBind();
    }
}
```

（5）按 F5 键调试运行，即可将数据表 Category 数据显示在 GridView 控件中。

LINQ To SQL 可以简单而灵活地使用。通过将数据库对象（如表、视图、存储过程等）直接拖到 dbml 中的设计图面中，LINQ To SQL 系统就自动建立了数据库到 .NET 类的映射。在 LINQ 基本语法中，db. Category 本身是由数据库中的一张数据表映射而来，所以一定要注意，db. Category 指的是数据库中 Category 这张表的所有数据，即所有行数据的集合概念。通过下面的例子演示，可以加深对这种机制的理解。

实例 7-9 复杂 LINQ 查询。

现在开始从 SELECT 基本语句入手，来全面了解一下 LINQ To SQL，这些最常用的语句主要由 WHERE 操作符、DISINCT 操作符、SELECT 匿名类型、ORDERBY 排序以及简单聚合函数组成。

（1）将实例 7_8 的基础上进行操作。在页面上继续放置一个 GridView2 控件。在

CS 文件中增加一个数据表显示方法 ShowProducts，用来显示商品表。具体代码如下。

```
public partial class Eg7_8: System.Web.UI.Page
{
    //创建 Linq to Sql 类的数据链接对象 db
    DataClasses1DataContext db=new DataClasses1DataContext();
    public void ShowProducts()
    {
        var results=from r in db.Products
                    select r;
        GridView2.DataSource=results;
        GridView2.DataBind();
    }
    protected void Page_Load(object sender, EventArgs e)
    {
        //利用 LINQ 的 SELECT 语句实现数据库查询结果集
        var results=from r in db.Category
                    select r;
        //给数据显示控件 GridView1 指明数据源,并实现数据绑定
        GridView1.DataSource=results;
        GridView1.DataBind();

        ShowProducts();
    }
}
```

（2）SQL 命令中的 WHERE 作用＝是起到范围限定也就是过滤作用的，而判断条件就是它后面所接的子句。例如，实现从数据库中检索出数量少于 10 的商品信息并通过网页显示数据的功能方法，代码如下。

```
public void ShowProducts()
{
    var results=from r in db.Products
            where r.Num<10
            select r;
    GridView2.DataSource=results;
    GridView2.DataBind();
}
```

（3）实现筛选整张数据表里特定序列的数据，如果局限于一列，如下代码即可实现。

```
var results=from r in db.Products
            select r.Name;
```

此时，如果要投影筛选需要两列或更多列数据呢？读者可能马上想到在 select r.

Name 后面追加"r. Num"等代码,但调试发现,不能通过编译,这个时候就要引入 SELECT 匿名类型,其实质是编译器根据定义自动产生一个匿名的类来帮助实现临时变量的储存。

例如,通过 SELECT 匿名类型筛选 Name 和 Num 两列数据,并给 Name 起名"商品名"。代码如下。

```
var results=from r in db.Products
            select new {商品名=r.Name , r.Num};
```

运行结果如图 7-30 所示。

（4）LINQ To SQL 中的排序操作符 ORDERBY 同 SQL 中的 ORDER BY 语句用法是一样的,结合相应关键字 ASCENDING、DESCENDING 可实现升序、降序、主从复合排序等,在实际的数据库交互中使用频率很高,例如选出表 Products 中的所有数据,并按照 Price 升序排序,当价格相同时,按 Id 降序排序。代码如下：

商品名	Num
方便面	20
可乐	10
芭比娃娃	5
变形金刚	3
绿伞洗衣液	3
大宝	4
手机	2
搓澡巾	2

图 7-30　select 匿名类型运行结果

```
public void ShowProducts()
{
    var results=from r in db.Products
                orderby r.Price ascending, r.Id descending
                select r;
    GridView2.DataSource=results;
    GridView2.DataBind();
}
```

运行结果如图 7-31 所示。

Id	Category_Id	Name	Num	Price	Image
9	5	搓澡巾	2	2.00	~/images/5/czj.jpg
2	1	可乐	10	3.00	~/images/1/kl.jpg
6	3	大宝	4	10.00	~/images/3/db.jpg
1	1	方便面	20	11.00	~/images/1/fbm.jpg
5	3	绿伞洗衣液	3	22.00	~/images/3/ls.jpg
3	2	芭比娃娃	5	50.00	~/images/2/bbww.jpg
4	2	变形金刚	3	88.00	~/images/2/bxjg.jpg
7	4	手机	2	3000.00	~/images/4/sx.jpg

图 7-31　排序-查询运行结果

至此,读者应对 LINQ 及 LINQ To SQL 已经有了一定的了解,并且能够进行简单的数据检索了。数据库除了基本的查询功能以外,还有 3 种操作可以编辑修改数据库,分别是插入、删除和更新。而对于 LINQ To SQL 的数据插入、删除和更新操作,相比传统的

SQL 操作，LINQ 灵活、简单得多。

实例 7-10 使用 LINQ 技术插入数据。

下面通过增加一条商品记录来说明 LINQ 的插入功能，步骤如下。

(1) 在页面添加 1 个下拉列表 DropDownList 控件、4 个文本框 TextBox、1 个 Button 按钮以及 1 个 Label 标签，页面设计如图 7-32 所示，此时注意由于主键 Id 设计为自累加功能，用户无须也不能给 Id 赋值。

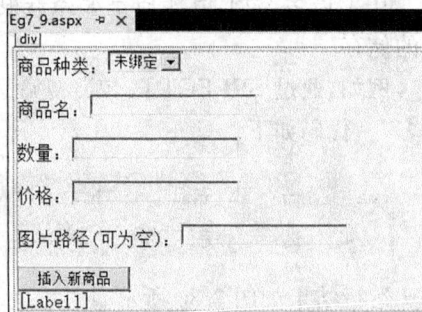

(2) 首先，为了保证商品种类数据来源于种类表，需要绑定数据给商品种类下拉列表；另外，为了友好化考虑，可以定义一个显示所以商品数据的方法，具体后台源代码如下：

图 7-32　前台设计

```
DataClasses1DataContext db=new DataClasses1DataContext();
public void BindCategory()
{
    var results=from r in db.Category
                select r;
    DropDownList1.DataSource=results;
    DropDownList1.DataTextField="Name";
    DropDownList1.DataValueField="Id";
    DropDownList1.DataBind();

}
public void showAll()
{
    var results=from r in db.Products
                select r;
    GridView1.DataSource=results;
    GridView1.DataBind();
}
protected void Page_Load(object sender, EventArgs e)
{
    BindCategory();
    showAll();
}
```

(3) 插入新商品按钮的主要功能代码如下：

```
protected void Button1_Click(object sender, EventArgs e)
{
    Products newP=new Products();
```

```
newP.Category_Id=int.Parse(DropDownList1.SelectedValue);
newP.Name=TextBox1.Text;
newP.Num=int.Parse(TextBox2.Text);
newP.Price=decimal.Parse(TextBox3.Text);
if(TextBox4.Text !="")
    newP.Image=TextBox4.Text;
try
{
    db.Products.InsertOnSubmit(newP);
    db.SubmitChanges();
    Label1.Text="插入成功!";
    showAll();
}
catch
{
    Label1.Text="插入失败!";
}
}
```

（4）运行，在文本框中依次输入要输入的数据，然后单击按钮，结果如图 7-33 所示。

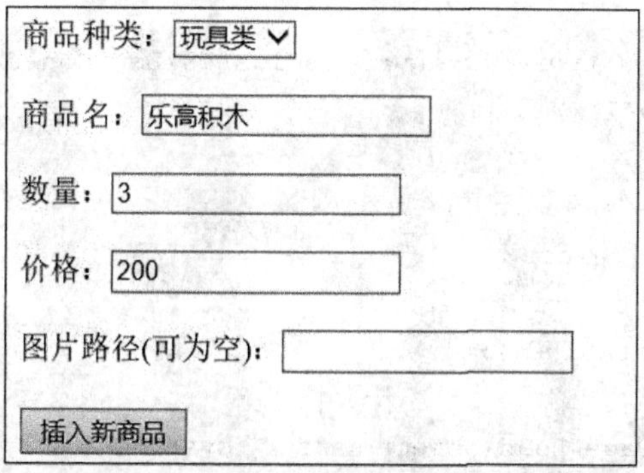

Id	Category_Id	Name	Num	Price	Image
1	1	方便面	20	11.00	~/images/1/fbm.jpg
2	1	可乐	10	3.00	~/images/1/kl.jpg
3	2	芭比娃娃	5	50.00	~/images/2/bbww.jpg
4	2	变形金刚	3	88.00	~/images/2/bxjg.jpg
5	3	绿伞洗衣液	3	22.00	~/images/3/ls.jpg
6	3	大宝	4	10.00	~/images/3/db.jpg
7	4	手机	2	3000.00	~/images/4/sx.jpg
9	5	搓澡巾	2	2.00	~/images/5/czj.jpg
11	1	牛奶	10	3.00	
12	1	乐高积木	3	200	

图 7-33　添加数据运行结果

当要在一个事件中插入多行数据时,只需定义数据表类的多个对象并分别初始化,然后把这些对象存到一个集合中,如列表 List,最后调用方法 InsertAllOnSubmit()即可。

实例 7-11 使用 LINQ 技术删除数据。

数据删除同数据插入一样,也要确定对象,即要删除哪一个。需要注意的是,如果只删除单一的对象,即删除数据表中一行数据而已,那么在确定这个对象时,应选像主键这样的能唯一标识对象的字段,获得了要删除的对象后,调用数据删除方法 DeleteOnSubmit()和数据库更新方法 SubmitChanges(),完成数据从数据库表中的删除操作。具体步骤如下:

(1) 在页面设计视图下,从工具箱中拖出 1 个 TextBox、1 个 Button 按钮、1 个 Label 标签以及 1 个 GridView 控件,前台设计如图 7-34 所示。

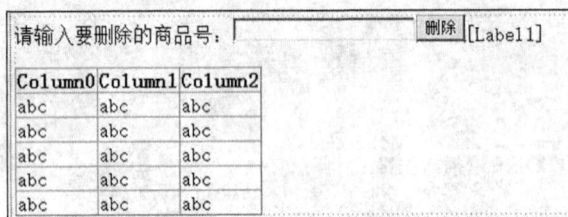

图 7-34　前台设计页面

(2) 后台代码如下。

```
DataClasses1DataContext db=new DataClasses1DataContext();
public void showAll()
{
    var results=from r in db.Products
                select r;
    GridView1.DataSource=results;
    GridView1.DataBind();
}
protected void Page_Load(object sender, EventArgs e)
{
    showAll();
}

protected void Button1_Click(object sender, EventArgs e)
{
    if(TextBox1.Text !="")
    {
        int id=int.Parse(TextBox1.Text);
        var results=from r in db.Products
                    where r.Id==id
                    select r;
```

```
if(results.Count()>0)
    try
    {
        db.Products.DeleteAllOnSubmit(results);
        db.SubmitChanges();
        showAll();
        Label1.Text="删除成功!";
    }catch { }
else

        Label1.Text="无相关记录可以删除";

}
```

（3）运行结果如图 7-35 所示。

请输入要删除的商品号：11　　　　　　×　删除　删除成功!

Id	Category_Id	Name	Num	Price	Image
1	1	方便面	20	11.00	~/images/1/fbm.jpg
2	1	可乐	10	3.00	~/images/1/kl.jpg
3	2	芭比娃娃	5	50.00	~/images/2/bbww.jpg
4	2	变形金刚	3	88.00	~/images/2/bxjg.jpg
5	3	绿伞洗衣液	3	22.00	~/images/3/ls.jpg
6	3	大宝	4	10.00	~/images/3/db.jpg
7	4	手机	2	3000.00	~/images/4/sx.jpg
9	5	搓澡巾	2	2.00	~/images/5/czj.jpg
11	1	牛奶	10	3.00	

Id	Category_Id	Name	Num	Price	Image
1	1	方便面	20	11.00	~/images/1/fbm.jpg
2	1	可乐	10	3.00	~/images/1/kl.jpg
3	2	芭比娃娃	5	50.00	~/images/2/bbww.jpg
4	2	变形金刚	3	88.00	~/images/2/bxjg.jpg
5	3	绿伞洗衣液	3	22.00	~/images/3/ls.jpg
6	3	大宝	4	10.00	~/images/3/db.jpg
7	4	手机	2	3000.00	~/images/4/sx.jpg
9	5	搓澡巾	2	2.00	~/images/5/czj.jpg

图 7-35　删除数据运行结果

（4）当然，如果在数据显示控件 GridView 中每行增加一个"删除"按钮，用户需要删除哪行只需单击改行的"删除"按钮即可实现删除功能，是最为理想的一种方法。现在我们需要给 GridView 控件"编辑列"，增加一个删除按钮，添加过程如图 7-36 所示，添加后的 GridView 如图 7-37 所示。

（5）需要给 GridView 控件增加删除功能，代码如下：

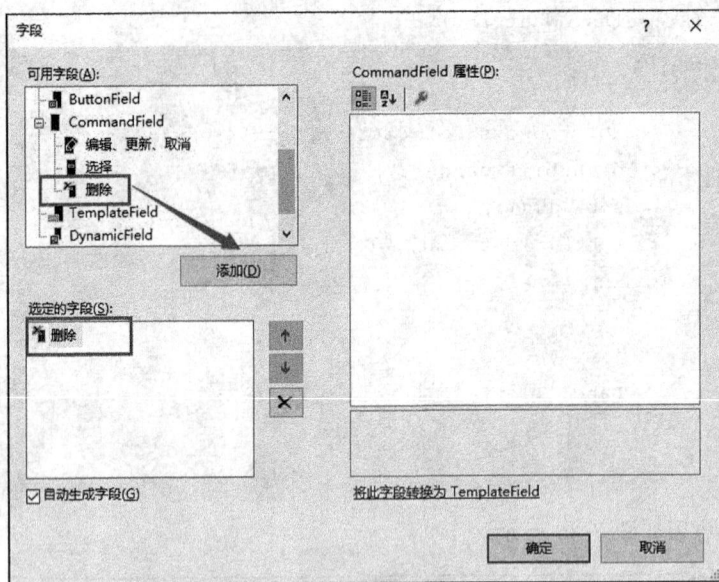

图 7-36　添加删除功能按钮

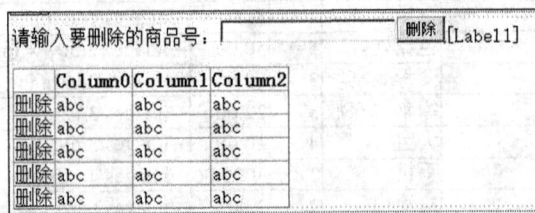

图 7-37　添加删除功能按钮后的 GridView

```
protected void GridView1_RowDeleting(object sender, GridViewDeleteEventArgs e)
{
    var results=from r in db.Products
        where r.Id==int.Parse(GridView1.Rows[e.RowIndex].Cells[1].Text)
            select r;
    db.Products.DeleteAllOnSubmit(results);
    db.SubmitChanges();
    showAll();
}
```

（6）为了提高用户体验性，可增加是否确定删除功能，根据用户的选择结果决定是否删除，代码如下：

```
protected void GridView1_RowDataBound(object sender, GridViewRowEventArgs e)
{
    if(e.Row.RowType==DataControlRowType.DataRow)
```

```
    {
        LinkButton del=(LinkButton)e.Row.Cells[0].Controls[0];
        del.OnClientClick="return confirm('确定删除该记录吗？')";
    }
}
```

（7）运行结果如图 7-38 所示，用户单击取消表示不删除记录；用户单击确定即可删除相关记录。

	Id	Category_Id	Name	Num	Price	Image
删除	1	1	方便面	20	11.00	~/images/1/fbm.jpg
删除	2	1	可乐	10	3.00	~/images/1/kl.jpg
删除	3	2	芭比娃娃	5	50.00	~/images/2/bbww.jpg
删除	4	2	变形金刚	3	88.00	~/images/2/bxjg.jpg
删除	5	3	绿伞洗衣液	3	22.00	~/images/3/ls.jpg
删除	6	3	大宝	4	10.00	~/images/3/db.jpg
删除	7	4	手机	2	3000.00	~/images/4/sx.jpg
删除	9	5	搓澡巾	2	2.00	~/images/5/czj.jpg
删除	14	1	牛奶	11	1.00	

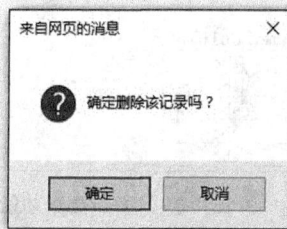

图 7-38　添加删除提示功能

实例 7-12　使用 LINQ 技术更新数据。

如果只是更新数据表中的一行数据，只需根据条件获得更新行的对象，然后用这个对象直接引用更新字段，调用更新方法即可，现在实例 7-11 的基础上实现更新一条记录的功能，操作步骤如下：

（1）在页面设计视图下，增加控件如图 7-39 所示，注意 Panel 的初始化状态设为 false。

（2）"读取该商品信息"按钮事件，代码如下。

```
protected void Button2_Click(object sender, EventArgs e)
{
    if(TextBox2.Text!="")
    {
        Panel1.Visible=true;
        int id=int.Parse(TextBox2.Text);
        Products UptProduct=db.Products.Where(r=>r.Id==id).FirstOrDefault();
        TextBox3.Text=UptProduct.Category_Id.ToString();
```

```
        TextBox4.Text=UptProduct.Name;
        TextBox5.Text=UptProduct.Num.ToString();
        TextBox6.Text=UptProduct.Price.ToString();
        TextBox7.Text=UptProduct.Image;
    }


}
```

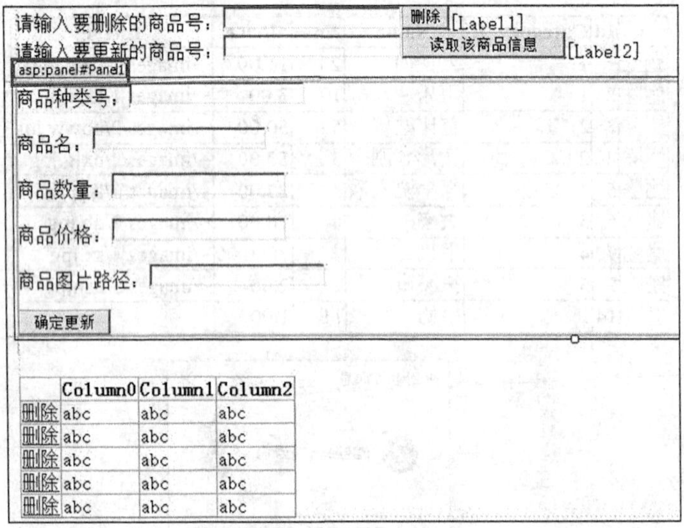

图 7-39　添加更新功能

（3）"确定更新"按钮事件代码如下：

```
protected void Button3_Click(object sender, EventArgs e)
{
    try
    {
        int id=int.Parse(TextBox2.Text);
        Products UptProduct=db.Products.Where(r=>r.Id==id).FirstOrDefault();
        UptProduct.Category_Id=int.Parse(TextBox3.Text);
        UptProduct.Name=TextBox4.Text;
        UptProduct.Num=int.Parse(TextBox5.Text);
        UptProduct.Price=decimal.Parse(TextBox6.Text);
        UptProduct.Image=TextBox7.Text;
        db.SubmitChanges();
        showAll();
        Panel1.Visible=false;
        Label2.Text="更新成功！";
    }
```

```
catch
{
    Label2.Text="更新失败!";
}

}
```

（4）运行结果如图 7-40 所示。

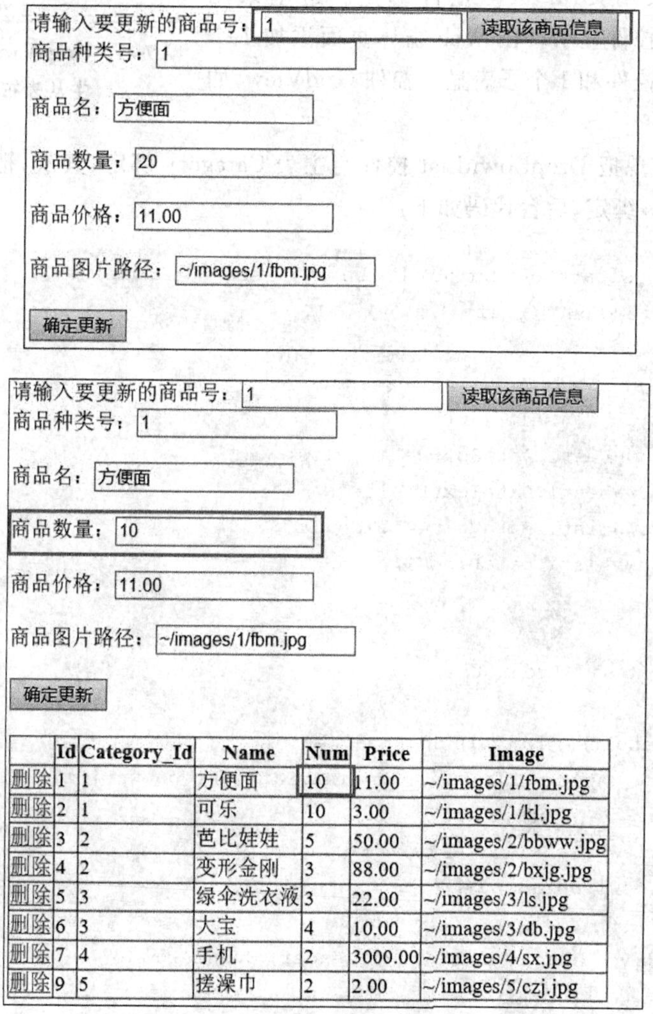

图 7-40 更新数据运行结果

（5）到这里，读者或许会想该如何用 LINQ To SQL 实现"同时修改多行数据"呢？其实，任何与数据库交互的程序代码，都不能在同一个时刻修改多行，在最底层，也都是通过循环、逐行遍历，取得相应的值然后修改，这里的"同时修改"，应当做是在一个事件方法中修改多行。这里给出一个简单的思路：使用 SELECT 关键字能够在 LINQ 循环结束后获得一个集合，然后结合 foreach 循环，逐次读取其中一个对象进行修改；最后，等 foreach 循环结束后更新数据库。感兴趣的读者可以查阅其他资料。

实例 7-13 LINQ 技术实现在同一页显示主从表。

在实例 7-6 中使用了控件自带功能实现了主从表的显示，下面通过 LINQ 技术实现主从表的显示功能。具体步骤如下：

(1) 主表 Category 可以采用 DropDownList 控件绑定，也可以采用 GridVIew 控件绑定。这里采用 DropDownList 控件显示。在 Web 窗体页面添加 1 个 DropDownList 控件和 1 个子表显示控件 GridView，如图 7-41 所示。

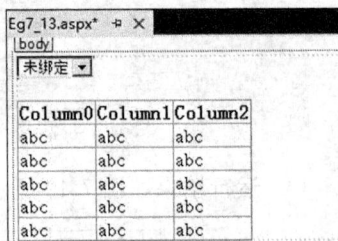

图 7-41　DropDownList 和 Gridview 主从表布局

(2) 首先实现把 DropDownList 控件与主表 Category 绑定，其次，把 Gridview 控件与子表 Products 绑定，后台代码如下：

```
DataClasses1DataContext db=new DataClasses1DataContext();
public void showCategory()
{
    var results=from r in db.Category
                select r;
    DropDownList1.DataSource=results;
    DropDownList1.DataTextField="Name";
    DropDownList1.DataValueField="Id";
    DropDownList1.DataBind();

}
public void showProducts()
{
    var results=from r in db.Products
            where r.Category_Id==int.Parse(DropDownList1.SelectedValue)
                select r;
    GridView1.DataSource=results;
    GridView1.DataBind();
}
protected void Page_Load(object sender, EventArgs e)
{
    showCategory();
    showProducts();
}
```

(3) 主表 DropDownList 中选项发生改变，从表 GridView 显示结果也会随之发生改变，需要实现 DropDownList 的 changed 事件，并设置 DropDownList 的 AutoPostBack 属性为 True，Page_Load 事件代码也需要进行条件修改，具体后台代码如下：

```
protected void Page_Load(object sender, EventArgs e)
{
    if(!IsPostBack)
    {
        showCategory();
        showProducts();
    }

}
protected void DropDownList1_SelectedIndexChanged(object sender, EventArgs e)
{
    showProducts();
}
```

（4）运行，即可实现根据主表 Category 的选择显示子表 Products 相关数据记录，如图 7-42 所示。

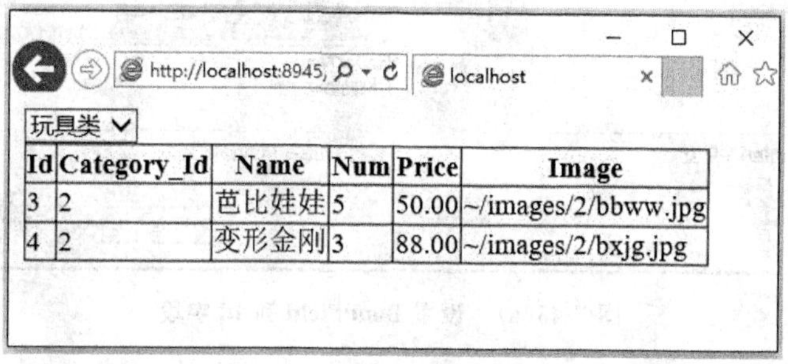

图 7-42　运行结果

实例 7-14　LINQ 技术实现在不同页显示主从表。

不同页显示主从表和同一页显示主从表的工作原理一样，只是对于子表的查询条件需要涉及到不同页参数传递的问题，具体操作步骤如下：

（1）在 Web 窗体页面 Eg7_14_1. aspx 中添加 GridView 控件并与主表 Category 绑定，GridView 控件需要通过编辑列功能，实现列的自定义，根据 Category 表字段添加 2 个 BoundField 字段和 1 个 HyperLinkFiled 字段，并分别设置每个字段的属性，设置如图 7-43(a)、图 7-43(b) 和图 7-43(c) 所示。

（2）对于主表 Category 的数据绑定后台代码如下：

```
DataClasses1DataContext db=new DataClasses1DataContext();
public void showCategory()
{
    var results=from r in db.Category
                select r;
    GridView1.DataSource=results;
    GridView1.DataBind();
```

```
}
protected void Page_Load(object sender, EventArgs e)
{
    showCategory();
}
```

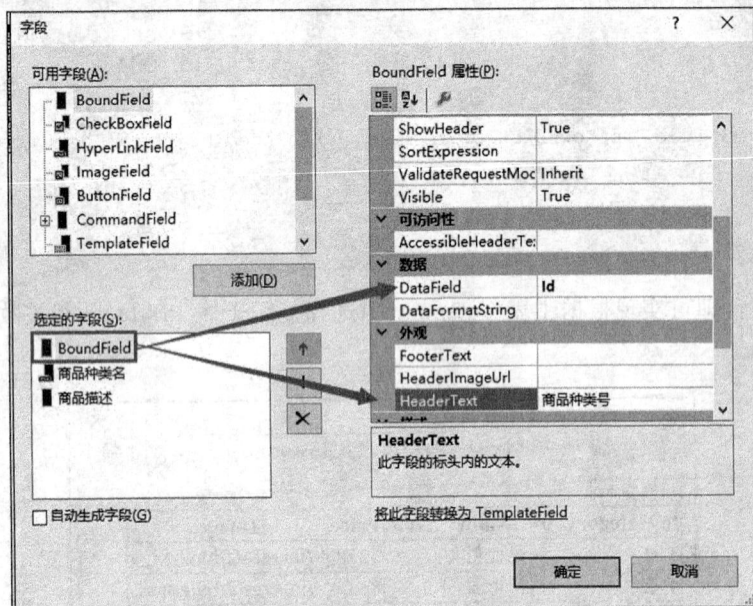

图 7-43(a)　设置 BondField 列 Id 字段

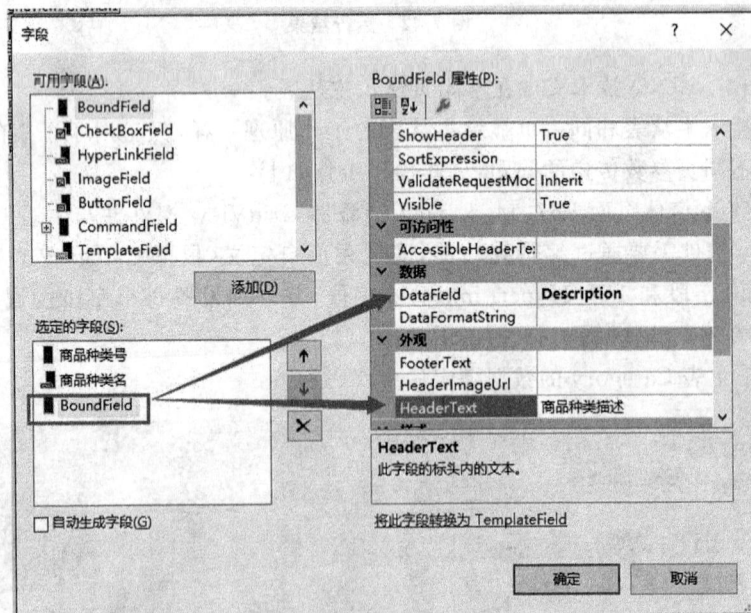

图 7-43(b)　设置 BondField 列 Description 字段

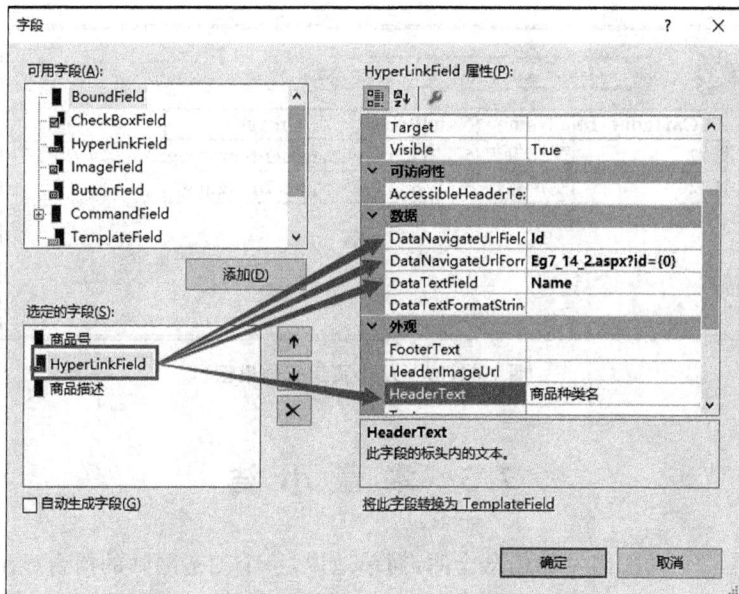

图 7-43(c) 设置 HyperLinkField 列 Name 字段

（3）在 Web 窗体 Eg7_14_2.aspx 页面中添加子表绑定控件 GridView，后台代码如下：

```
DataClasses1DataContext db=new DataClasses1DataContext();
public void showProducts()
{
    var results=from r in db.Products
            where r.Category_Id==int.Parse(Request.QueryString["Id"])
            select r;
    GridView1.DataSource=results;
    GridView1.DataBind();
}
protected void Page_Load(object sender, EventArgs e)
{
    showProducts();
}
```

（4）从 Eg7_14_1.aspx 页面运行，单击种类名，即可跳转到 Eg7_14_2.aspx 页面显示相关种类的商品，如图 7-44(a) 和图 7-44(b) 所示。

图 7-44(a) 主表页运行结果图

图 7-44(b)   从表页运行结果图

7.5   本 章 小 结

数据库是一个动态网站的信息仓库,简单地说,一个动态网站的前台显示页面是通过各种方式读取数据库并且显示,而网站后台是对数据库的添加、删除、修改等的操作。

数据源控件主要通过设置相应属性实现数据访问,数据绑定控件可以通过数据访问技术对数据进行数据查询、插入、删除和更新操作。

本章首先通过基本的 SQL 语句对数据库进行访问,接着使用 LINQ 技术连接数据库,LINQ 是一种强大而灵活的数据查询机制,在将来的实际项目开发中会扮演越来越重要的角色。

LINQ 本身来源于传统 SQL 语法,是对 SQL 语句的封装。在执行 LINQ 时,程序底层要先将 LINQ 转化成 SQL,所以其执行效率会低于 SQL 本身;还有就是 LINQ 没有达到非常完善的程度(LINQ 出现的时间尚短)。目前阶段,只能完成 SQL 语句中 90% 以上的功能。不过,在实际使用中,可以人为地优化 LINQ 本身。实验证明,如果优化合理的话,LINQ 的效率还是非常高的,毕竟在大的项目中,整体代码量会比传统 SQL 少 30%～50%。在一般的项目开发以及频繁使用的场合,LINQ 能够完全胜任,且思路简单,易于理解。所以掌握好 LINQ 对于程序员来说,如虎添翼,是不可多得的神兵利器。

习   题

1. 设计一个网页查询,在文本框中输入一个价格后单击确定按钮,将查询的结果显示到 GridView 控件中。(要求对文本框内容输入进行验证,设置两个按钮,一个是大于输入价格的,另一个是小于输入价格的,用 SqlDataSource 实现)

2. 创建一个数据库,用 LINQ 技术实现不同用户登录功能,分为普通会员和管理员,当不同用户访问页面时,在 GridView 控件中呈现不同的页面内容。

3. 使用 LINQ 技术实现用户登录,当用户无效时,显示"输入错误,请重新输入!",登录成功后显示欢迎信息。

第8章

主题和母版

8.1 主　　题

在 Web 应用程序中,通常所有的页面都有统一的外观和操作方式。ASP.NET 通过应用主题,来提供统一的外观。每个主题都是 App_Themes 文件夹中的一个子文件夹,该文件夹中主要包括外观文件、级联样式表（CSS）文件、图像和其他资源。主题可以包括多个外观文件和多个级联样式表,但是至少必须有一个外观文件。

8.1.1　主题的创建

创建主题即创建外观文件或.CSS 等文件。

下面以创建红色主题 Red 为例进行讲解。其操作步骤如下。

（1）添加主题文件夹。在项目右键菜单上选择"添加 ASP.NET 文件夹",然后选择"主题"命令,并命名文件夹名为 Red,如图 8-1 所示。

图 8-1　添加主题

（2）添加外观文件。在 Red 主题文件夹右键菜单上选择"添加新项",选择"外观文件",重命名为 Red.skin,如图 8-2 所示,在打开的 Red.skin 文件中为控件添加外观属性。

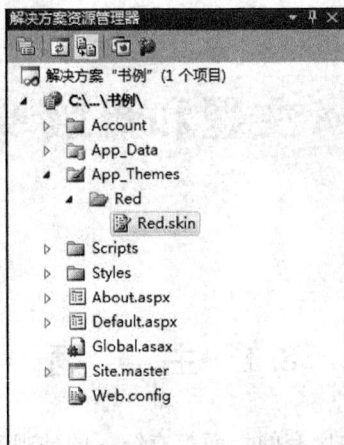

图 8-2　添加外观文件

外观文件默认代码如下。

```
<%--
默认的外观模板。以下外观仅作为示例提供。

(1). 命名的控件外观。SkinId 的定义应唯一,因为在同一主题中不允许一个控件类型有重复
的 SkinId。

<asp:GridView runat="server" SkinId="gridviewSkin" BackColor="White">
  <AlternatingRowStyle BackColor="Blue" />
</asp:GridView>

(2). 默认外观。未定义 SkinId。在同一主题中每个控件类型只允许有一个默认的控件外观。

<asp:Image runat="server" ImageUrl="~/images/image1.jpg" />
--%>
```

对于外观文件,有两种类型的控件外观:"默认外观"和"已命名外观"。当网站或页面应用主题时,"默认外观"自动应用于同一类型的所有控件。设置了 SkinID 属性的控件外观,属于"已命名外观","已命名外观"不会自动按类型应用于控件,而应当通过设置控件的 SkinID 属性将"已命名外观"显式地应用于控件。通过创建"已命名外观",可以为应用程序中同一控件的不同实例设置不同的外观。

在一个主题中,每一个控件只能有一个"默认外观",而"已命名外观"可以有多个,但每个"已命名外观"外观的名称必须唯一。

在本例中,修改外观文件如下。

```
<asp:Label runat="server" ForeColor="Red" />
<asp:TextBox runat="server" ForeColor="Red" />
<asp:Button runat="server" ForeColor="Red" />
```

（3）添加 CSS 文件。主题还可以包含级联样式表（. CSS 文件），用来控制页面上 HTML 元素和 ASP. NET 控件的样式。将 . CSS 文件放在主题文件夹中，在调用主题时自动应用. CSS 文件。

在主题文件夹右键菜单上选择"添加新项"，选择"样式表"，重命名为 Red. css，如图 8-3 所示，在打开的 Red. css 文件中添加样式。

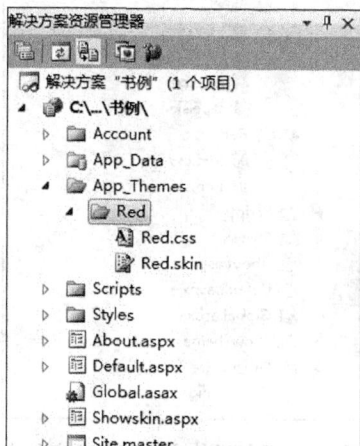

图 8-3　添加级联样式表

Red. css 文件代码如下：

```css
html
{
    background-color:#f6e2e2;
    font-size:14px;
    }
p
{
    font-weight:bold;
    font-size:12px;
    line-height:10px;
}
```

（4）添加图片文件到主题。通常在 App_Themes 文件夹中创建 Images 文件夹，再添加合适的图片文件到 Images 文件夹中，如图 8-4 所示。要使用 Images 文件夹中的图片文件，可以通过控件的相关链接图片文件的 Url 属性进行访问。

8.1.2　主题的应用

自己定义或从网上下载主题后，就可以在 Web 应用程序中使用主题了。主题可以应用到不同的地方，主要有以下几种方式。

- 可以在单个网页中应用主题。

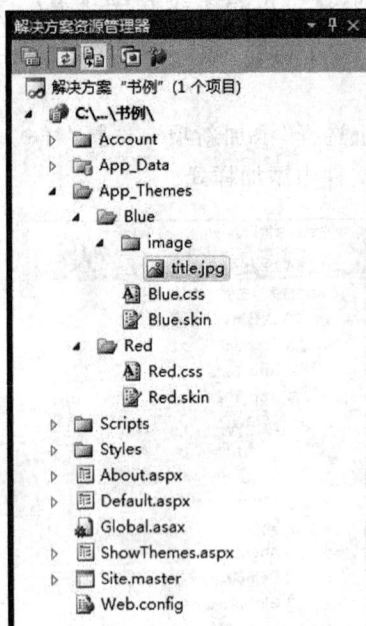

图 8-4 添加图片文件到主题文件夹

- 可以在网站中应用主题。
- 可以在网站部分网页中应用主题。
- 可以部分禁用主题。

1. 对单个网页应用主题

可以使用 Theme 或 StylesheetTheme 属性引用主题,格式如下。

```
<%@ Page Theme="ThemeName" %>
<%@ Page StylesheetTheme="ThemeName" %>
```

注意:应用主题对外观文件起作用,对 .CSS 文件不起作用,同时 Tememe 和 StylesheetTheme 是有区别的,主要区别如下。

(1) 属性 StylesheetTheme 表示主题为本地控件的从属设置。也就是说,如果在页面上为某个控件设置了本地属性,则主题中与控件本地属性相同的属性将不起作用。此属性也可以使主题在不同的页面上产生一致的外观。

(2) 属性 Theme 表示本地属性会被覆盖(主题起作用,本地属性不起作用)。若希望对整体应用主题,但要对特殊控件进行不同设置,应用 StyleSheetTheme 属性是比较好的选择。

例如,新建网页 ShowThemes.aspx,对这个网页添加主题 Red,实现代码如下。

```
<%@ Page Language="C#" AutoEventWireup="true" CodeFile="ShowThemes.aspx.cs" Inherits="ShowThemes" Theme="Red" %>
```

或者是:

```
<%@ Page Language="C#" AutoEventWireup="true" CodeFile="ShowThemes.aspx.
cs"  Inherits="ShowThemes" StylesheetTheme="Red" %>
```

2. 对网站应用主题

修改应用程序的 web.config 文件,可将主题应用于整个网站。在 web.config 配置文件中添加如下代码。

```
<configuration>
    <system.web>
        <pages theme="Red"/>
    </system.web>
</configuration>
```

Theme 属性赋值是要应用的主题名,这样网站的所有网页中均应用主题。

3. 网站部分页面应用主题

可以将要应用主题的页面与它们自己的 web.config 文件放在一个文件夹中。然后在根 web.config 文件中创建一个<location>元素以指定文件夹。例如,下面代码为子文件夹 sub1 设置了主题。

```
<configuration>
    <location path="sub1">
        <system.web>
            <pages theme="ThemeName(主题名)" />
        </system.web>
    </location>
</configuration>
```

4. 禁用主题

可以禁用特定网页的主题,也可以禁用特定控件的主题,都是设置 EnableTheming 属性,只是该属性所在位置不同,页面禁用主题为以下代码。

```
<%@ Page Language="C#" AutoEventWireup="true" CodeFile="ShowThemes.aspx.
cs"  Inherits="ShowThemes" EnableTheming="false" %>
```

而具体的控件禁用主题为以下代码。

```
<asp:Button ID="Button1" runat="server" Text="Button" EnableTheming="
false"/>
```

8.1.3 动态应用主题实例

本实例实现为 ShowThemes.aspx 页动态应用主题,当选择不同的主题后,页面中的控件将呈现不同的外貌,步骤如下。

(1) 创建主题 Red 和 Blue,分别创建外观文件和级联样式表,如图 8-5 所示。

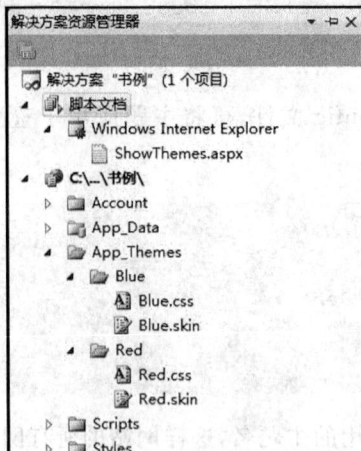

图 8-5 主题界面

Red. skin 文件代码:

```
<asp:Label runat="server" ForeColor="Red"/>
```

Blue. skin 文件代码:

```
<asp:Label runat="server" ForeColor="Blue"/>
```

Red. css 文件代码:\

```
html
{
    background-color:#f6e2e2;
    }
p
{
    font-weight:bold;
    font-size:12px;
    color:Red;
}
```

Blue. css 文件中代码:

```
html
{
    background-color:#cacef2;

    }
p
{
```

```
    font-weight:normal;
    font-size:20px;
    color:Blue;


    }
```

(2) 新建 Web 页面,设计如图 8-6 所示。

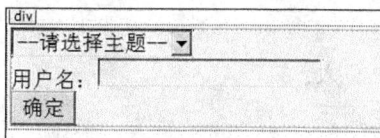

图 8-6　前台页面设计图

ShowThemes. aspx 文件部分源代码:

```
<div>
    <asp:DropDownList ID="ddlThemes" runat="server" AutoPostBack="True"
    Style="font-size: large">
        <asp:ListItem Value="0">--请选择主题--</asp:ListItem>
        <asp:ListItem>Blue</asp:ListItem>
        <asp:ListItem>Red</asp:ListItem>
    </asp:DropDownList>
    <br />
    <asp:Label ID="Label1" runat="server" Style="font-size: large" Text="
    用户名: "></asp:Label>
    <asp:TextBox ID="TextBox1" runat="server" Style="font-size: large">
    </asp:TextBox>
    <br />
    <asp:Button ID="Button1" runat="server" Style="font-size: large"
    Text="确定" />
</div>
```

(3) 为“确定”按钮编写后台代码如下。

```
protected void Page_PreInit(object sender, EventArgs e)
{
    //当选择 ddlThemes 下拉列表框中的选项时设置页面主题
    if(Request["ddlThemes"] !="0")
    {
        Page.Theme=Request["ddlThemes"];
    }
}
```

注意: 属性 Page. Theme 只能而且必须在 Page_PreInit 事件中设置。

8.1.4 主题应用注意事项

(1) 主题可能引起安全问题，包括：

- 改变控件行为。
- 插入客户端脚本。
- 改变验证。
- 公开敏感信息。

(2) 缓解措施如下：

- 只允许受信任的用户写入。
- 不使用未知信任的主题。
- 不要在数据库中公开主题名称。

8.2 母　　版

8.2.1 创建母版页

1. 母版概述

在网站页面设计中，母版发挥着重要作用。使用母版页可以使多个页面共用相同的内容，可以创建通用的页面布局，防止各个页面相同部分出现差异而影响页面美观，同时使用母版页可以减少页面加载时间。一般地，页头、页尾、导航条等都加在母版页中，以减少加载时间，提高浏览网站的速度，且便于维护和管理，大大提高了设计效率。

2. 创建母版页

网站母版页是扩展名为 .master 的文件。在项目右键菜单上选择"添加新项"，然后选择"母版页"项，可更改该母版页的名称，然后单击"添加"按钮创建，创建完成后如图 8-7 所示。

在已打开的母版页中，可看到以下代码。

图 8-7　创建母版页

```
<%@ Master Language="C#" AutoEventWireup="true" CodeFile="MasterPage.
master.cs" Inherits="MasterPage" %>

<!DOCTYPE html PUBLIC "-//W3C//DTD XHTML 1.0 Transitional//EN" "http://www.
w3.org/TR/xhtml1/DTD/xhtml1-transitional.dtd">

<html xmlns="http://www.w3.org/1999/xhtml">
<head runat="server">
    <title></title>
```

```
    <asp:ContentPlaceHolder id="head" runat="server">
    </asp:ContentPlaceHolder>
</head>
<body>
  <form id="form1" runat="server">
    <div>
        <asp:ContentPlaceHolder id="ContentPlaceHolder1" runat="server">

        </asp:ContentPlaceHolder>
    </div>
    </form>
</body>
</html>
```

其中,<%@ Master%>为母版页指令识别标志,该指令替换了用于普通.aspx 文件的@ Page 指令。它可以包括静态文本、HTML 元素和服务器控件的预定义布局。除 Master 指令外,母版页还包含页的所有顶级 HTML 元素,如 html、head 和 form。可以在母版页中使用任何 HTML 元素和 ASP.NET 元素。母版页还包括一个或多个 ContentPlaceHolder 控件,这些占位符控件用来定义可替换内容出现的区域。

8.2.2 创建内容页

新建一个页面 UseMaster.aspx,应用母版页。在项目右键菜单中选择"添加新项",然后选择"Web 窗体"项,更改名称为 UseMaster.aspx,然后勾选窗口右下角的"选择母版页"复选框,如图 8-8 所示。单击"添加"按钮,选择应用的母版。

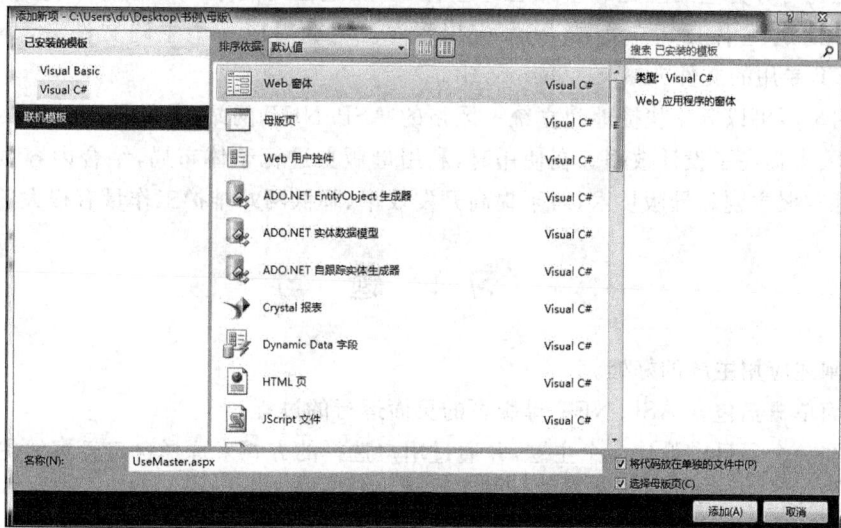

图 8-8 创建应用母版页的网页

创建后的网页代码如下。

```
<%@ Page Title ="" Language ="C #" MasterPageFile =" ~/MasterPage. master"
AutoEventWireup="true" CodeFile="UseMaster.aspx.cs" Inherits="UseMaster"
%>

<asp:Content ID="Content1" ContentPlaceHolderID="head" Runat="Server">
</asp:Content>
< asp: Content ID =" Content2" ContentPlaceHolderID =" ContentPlaceHolder1"
Runat="Server">
</asp:Content>
```

通过 MasterPageFile＝"～/MasterPage. master"应用母版页，其中的两个控件分别与母版页中的 ContentPlaceHolder 控件对应，母版页合并到内容页，而各个 Content 控件的内容合并到母版页中相应 ContentPlaceHolder 控件中。

注意：母版中使用相对 URL 时，若使用 ASP. NET 控件，相对 URL 会被解析为相对于母版页的 URL；但若使用 HTML 标签（如＜img＞＜a＞），使用中的 URL 为相对于内容页的 URL。所以，一般使用母版页时需要使用 ASP. NET 控件，或者将 URL 改为绝对地址。

8.3　本 章 小 结

本章介绍了 ASP. NET 中的主题和母版，以及利用这些技术创建既具备统一风格又不失个性的网站。

主题是通过外观文件、CSS 文件和图片文件为 ASP. NET 中的服务控件提供一致的外观。主题可分为全局主题和应用程序主体，全局主题可用于 Web 服务器上任意的程序，而应用程序主体用于单个的 Web 应用程序。主题对应一个主题文件夹，必须放在 ASP. NET 专用的文件夹 App_Themes 中。

利用母版可以方便快捷地建立统一风格的 ASP. NET 网站，非常易于管理员的管理和维护，大大提高了设计效率。在使用时，利用母版页进行整体布局，结合内容页组合输出。熟练掌握主题和母版技术，对于提高开发效率、降低网站维护工作量有很大的作用。

习　　题

1. 阐述应用主题的好处。
2. 简单概括包含 ASP. NET 母版页的页面运行的过程。
3. 在一个项目中设计多个主题，并通过用户选择的方式来选择自定义好的主题。
4. 设计一个母版页，并将该母版页应用到建设的网站中。

第9章

项目实训：文章博客

在本章，我们实现一个整体项目的开发，该项目较为简单，适合初学者。

项目以论坛的方式展现主题列表，可以发表评论，管理自己的文章，修改个人信息等功能和后台管理项目主要涉及 Div＋CSS 布局、母版、主题、用户控件、标准控件等功能。

9.1　网站结构图

网站涉及模块不多，结构较为简单，适合初学者进行学习。主要涉及功能模块如图 9-1 所示。

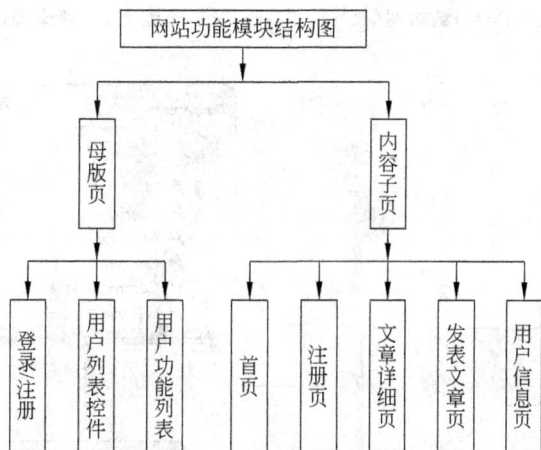

图 9-1　网站功能模块图

9.2　创建数据库 MyBlog

数据库中主要涉及三个方面的数据表，分别是用户信息表（Users）、文章表（Articles）和评论表（Comments），具体的表结构如图 9-2～图 9-4 所示。

在数据表结构建立的基础上，添加一些有效的初始数据后，在项目中添加 LINQ To SQL 类 dbml 文件，文件视图如图 9-5 所示。

dbo.Users [设计]　更新(U)　脚本文件(I): dbo.Users.sql

名称	数据类型	允许 Null	默认值
Id	int	☐	
LoginName	nvarchar(50)	☐	
LoginPwd	nvarchar(50)	☐	
Name	nvarchar(50)	☐	
QQ	nvarchar(50)	☑	
Email	nvarchar(50)	☑	
IsShow	int	☐	

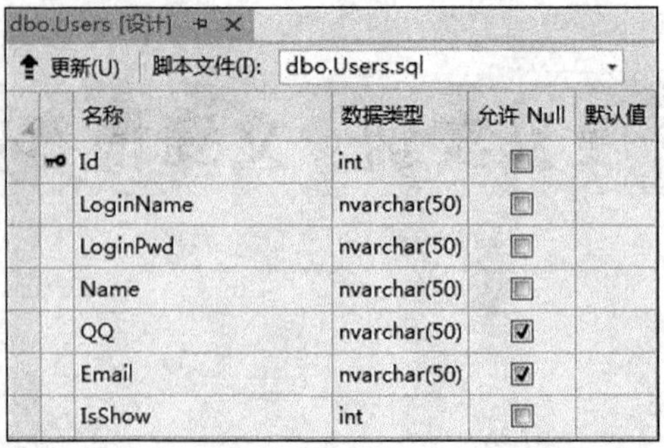

图 9-2　用户信息表(Users)结构图

dbo.Articles [设计]　更新(U)　脚本文件(I): dbo.Articles.sql

名称	数据类型	允许 Null	默认值
Id	int	☐	
Title	nvarchar(50)	☐	
UserId	用于和Users表建立外键关系		
PubDate	datetime	☐	
Content	text	☐	
IsShow	int	☐	

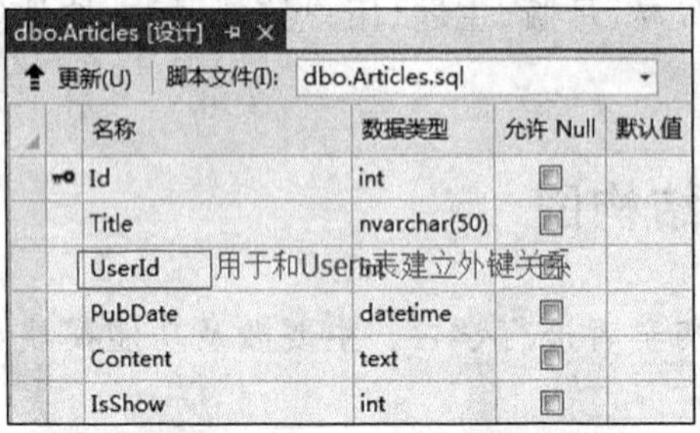

图 9-3　文章表(Articles)结构图

dbo.Comments [设计]　dbo.Articles [设计]　更新(U)　脚本文件(I): dbo.Comments.sql

名称	数据类型	允许 Null	默认值
Id	int	☐	
UserId	int	☐	
ArticleId	int	☐	
Content	text	☐	
CommentDate	datetime	☐	
IsShow	int	☐	

关联另外2个表的外键

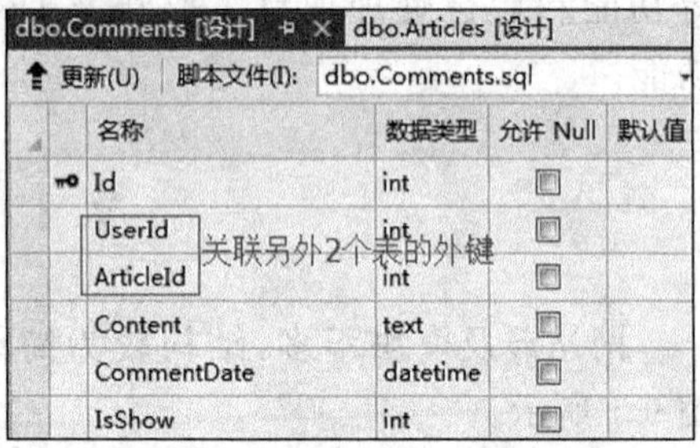

图 9-4　评论表(Comments)结构图

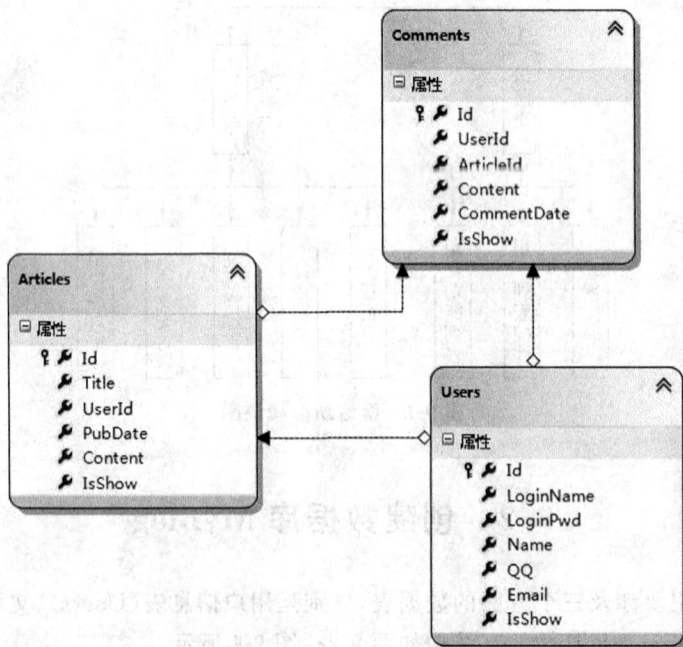

图 9-5　LINQ To SQL 类文件视图

9.3　制作母版页

根据网站功能结构图,需要在母版页(Masterpage.master)中实现用户列表控件、登录/注册功能模块以及用户功能列表模块,最终显示结果如图9-6所示。

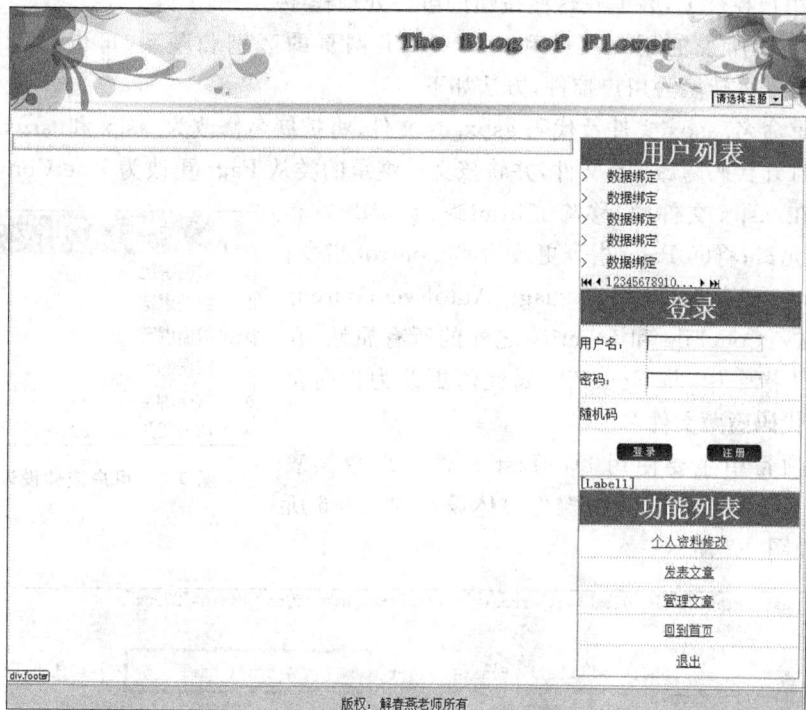

图9-6　LINQ To SQL 类文件视图

9.3.1　用户列表控件

用户控件(UserList.ascx)是能够在其中放置标记和 Web 服务器控件的容器,可以将用户控件作为一个单元对待,为其定义属性和方法。用户控件可以实现内置 ASP. NET Web 服务器控件未提供的功能,而且可以提取多个网页中相同的用户界面来统一网页显示风格。

ASP. NET Web 用户控件与完整的 ASP. NET 网页(.aspx 文件)相似,同时具有用户界面页和代码页。可以采取与创建 ASP. NET 页相似的方式创建用户控件,向其中添加所需的标记和子控件。用户控件可以像页面一样包含对其内容进行操作(包括执行数据绑定等任务)的代码。

用户控件与 ASP. NET 网页有以下区别。

- 用户控件的文件扩展名为 .ascx。
- 用户控件中没有@ Page 指令,而是包含@ Control 指令。
- 用户控件不能作为独立文件运行,而必须像处理任何控件一样,将它们添加到

ASP. NET 页中。

- 用户控件中没有 html、body 或 form 元素,这些元素必须位于宿主页中。

虽然用户控件与.aspx 网页有着多个区别,但它们也有共同点,即可以在用户控件上使用与在 ASP. NET 网页上所用相同的 HTML 元素(html、body 或 form 元素除外)和 Web 控件。例如,要创建一个用作工具栏的用户控件,则可以将一系列 Button 服务器控件放在该用户控件上,并创建这些按钮的事件处理程序。

根据上述所说的用户控件和 ASP. NET 网页的区别和联系,可以将代码隐藏的 ASP. NET 网页转换为用户控件,方法如下。

(1) 重命名.aspx 文件及代码 aspx.cs 文件,将扩展名修改为.ascx 和.ascx. cs。

(2) 打开代码隐藏 CS 文件,并将该文件继承的类从 Page 更改为 UserControl。

(3) 在.aspx 文件中,移除<html>、<body>和 <form>元素;将@ Page 指令更改为@ Control 指令; 移除@ Control 指令中除 Language、AutoEventWireup (如果存在)、CodeFile 和 Inherits 之外的所有属性;在 @ Control 指令中,将 CodeFile 属性值更改为指向重命名后的代码隐藏文件名。

在本项目中主要使用 DataList 控件实现数据表 Users 中用户名的绑定,用户控件整体设计如图 9-6 所示,代码如图 9-7 所示。

图 9-7   用户控件设计结果

```
<asp:DataList ID="DataList1" runat="server" Height="132px" Width="269px">
    <ItemTemplate>
        &gt; 
        <asp:Label ID="Label1" runat="server" Text='<%# Eval("Name") %>'></asp:Label>
    </ItemTemplate>
</asp:DataList>
```

图 9-8   用户控件代码绑定

由于用户列表控件采用的是 DataList 数据绑定控件,所以没有分页功能,在这里引用第三方分页插件 AspNetPage 控件,增加分页功能,具体数据显示方法的代码如下:

```
TeacherDBDataContext db=new TeacherDBDataContext();
public void showUsers()
{
    var results=from r in db.Users
                where r.IsShow==1
                select r;

    PagedDataSource pds=new PagedDataSource();     //定义分页控件实例对象
    pds.DataSource=results.ToList();               //pds 的数据来源
    pds.AllowPaging=true;                          //允许分页
    pds.PageSize=AspNetPager1.PageSize;            //每页数据数量设置
    //获取当前页下标
```

```
        pds.CurrentPageIndex=AspNetPager1.CurrentPageIndex-1;
        AspNetPager1.RecordCount=results.Count();

        //DataList 控件链接 pds,真正显示数据
        DataList1.DataSource=pds;
        DataList1.DataBind();
}
```

Pade_Load 事件代码如下：

```
protected void Page_Load(object sender, EventArgs e)
{
    if(!IsPostBack)
    {
        showUsers();
    }
}
```

分页控件的下标改变事件代码如下：

```
protected void AspNetPager1_PageChanged(object src, Webdiver.PageChanged_
EventArgs e)
{
    AspNetPager1.CurrentPageIndex=e.NewPageIndex;
    showUsers();
}
```

9.3.2　登录/注册模块

　　该模块主要实现已有用户登录功能，如果是未注册用户，可以单击"注册"按钮跳转到注册页面。其中可以增加随机码功能，这里的随机码可以采用第三方插件，也可以采用自定义编写随机码的方法，下面重点介绍一下自编随机码的实现方法。

　　随机码是一幅图片，图片内容采用随机生成的方式产生，当前流行的随机内容主要包含纯数字、纯字母、数字和字母混合、汉字或者提前设定好的随机内容组。

　　随机内容生成为纯数字的方法代码为：

```
private String GetRandomint(int codeCount)
{
    Random random=new Random();
    string min="";
    string max="";
    for(int i=0; i<codeCount; i++)
    {
```

```
        min+="1";
        max+="9";
    }
    return (random.Next(Convert.ToInt32(min), Convert.ToInt32(max)).
    ToString());
}
```

随机内容生成为字母和数字混合的方法代码为：

```
private string CreateRandomCode(int codeCount)
{
    string allChar="0,1,2,3,4,5,6,7,8,9,A,B,C,D,E,F,G,H,I,J,K,L,M,N,O,P,
    Q,R,S,T,U,W,X,Y,Z,a,b,c,d,e,f,g,h,i,j,k,l,m,n,o,p,q,r,s,t,u,v,w,x,y,
    z";
    string[] allCharArray=allChar.Split(',');
    string randomCode="";
    int temp=-1;
    Random rand=new Random();
    for(int i=0; i<codeCount; i++)
    {
        if(temp !=-1)
        {
            rand=new Random(i * temp * ((int)DateTime.Now.Ticks));
        }
        int t=rand.Next(61);
        if(temp==t)
        {
            return CreateRandomCode(codeCount);
        }
        temp=t;
        randomCode +=allCharArray[t];
    }
    return randomCode;
}
```

随机内容生成为中文的方法代码为：

```
private string stxt(int num)
{
    Encoding gb=Encoding.GetEncoding("gb2312");

    //调用函数产生 10 个随机中文汉字编码
    object[] bytes=CreateRegionCode(num);        //需要调用另外一个自定义方法
    string strtxt="";
```

```
    //根据汉字编码的字节数组解码出中文汉字
    for(int i=0; i<num; i++)
    {
        strtxt +=gb.GetString((byte[])Convert.ChangeType(bytes[i], typeof
        (byte[])));
    }
    return strtxt;
}
public static object[] CreateRegionCode(int strlength)
{
    //定义一个字符串数组储存汉字编码的组成元素
    string[] rBase=new String[16] { "0", "1", "2", "3", "4", "5", "6", "7",
    "8", "9", "a", "b", "c", "d", "e", "f" };
    Random rnd=new Random();
    //定义一个 object 数组用来
    object[] bytes=new object[strlength];


    /**/
    /* 每循环一次产生一个含两个元素的十六进制字节数组,并将其放入 object 数组中
      每个汉字有四个区位码组成
      区位码第 1 位和区位码第 2 位作为字节数组第一个元素
      区位码第 3 位和区位码第 4 位作为字节数组第二个元素
    */
    for(int i=0; i<strlength; i++)
    {
        //区位码第 1 位
        int r1=rnd.Next(11, 14);
        string str_r1=rBase[r1].Trim();


        //区位码第 2 位
        rnd=new Random(r1 * unchecked((int)DateTime.Now.Ticks) +i);
        //更换随机数发生器的种子避免产生重复值
        int r2;
        if(r1==13)
        {
            r2=rnd.Next(0, 7);
        }
        else
        {
            r2=rnd.Next(0, 16);
        }
        string str_r2=rBase[r2].Trim();


        //区位码第 3 位
```

```
        rnd=new Random(r2 * unchecked((int)DateTime.Now.Ticks) +i);
        int r3=rnd.Next(10, 16);
        string str_r3=rBase[r3].Trim();


        //区位码第 4 位
        rnd=new Random(r3 * unchecked((int)DateTime.Now.Ticks) +i);
        int r4;
        if(r3==10)
        {
            r4=rnd.Next(1, 16);
        }
        else if(r3==15)
        {
            r4=rnd.Next(0, 15);
        }
        else
        {
            r4=rnd.Next(0, 16);
        }
        string str_r4=rBase[r4].Trim();

        //定义两个字节变量存储产生的随机汉字区位码
        byte byte1=Convert.ToByte(str_r1 +str_r2, 16);
        byte byte2=Convert.ToByte(str_r3 +str_r4, 16);
        //将两个字节变量存储在字节数组中
        byte[] str_r=new byte[] { byte1, byte2 };

        //将产生的一个汉字的字节数组放入 object 数组中
        bytes.SetValue(str_r, i);
    }
    return bytes;
}
```

随机内容生成为定义好的内容组（譬如菜单）的方法代码为：

```
private string CreateRandomMenu(int codeCount)
{
    string[] allmenu=new string[] { "宫保鸡丁", "糖醋里脊", "鱼香肉丝","水煮肉
    片","西湖醋鱼" };
    Random random=new Random();

    int i=random.Next(0, 5);
    string randomCode=allmenu[i];
    return randomCode;
}
```

最后需要将随机内容生成图片，生成的图片可以是简单的内容呈现，也可以复杂的画图，对于画图来说，需要引用必要的命名空间。

```
using System.Drawing;
using System.IO;
using System.Drawing.Imaging;
```

简单画图代码如下：

```
private void CreateImage(string checkCode)
{
    string strNum=checkCode;
    string strFontName;
    int iFontSize;
    int iWidth;
    int iHeight;
    strFontName="宋体";
    iFontSize=12;
    iWidth=20 * strNum.Length;
    iHeight=25;

    Color bgColor=Color.Yellow;
    Color foreColor=Color.Red;

    Font foreFont=new Font(strFontName, iFontSize, FontStyle.Bold);

    Bitmap Pic=new Bitmap(iWidth, iHeight, PixelFormat.Format32bppArgb);
    Graphics g=Graphics.FromImage(Pic);
    Rectangle r=new Rectangle(0, 0, iWidth, iHeight);

    g.FillRectangle(new SolidBrush(bgColor), r);

    g.DrawString(strNum, foreFont, new SolidBrush(foreColor), 2, 2);
    MemoryStream mStream=new MemoryStream();
    Pic.Save(mStream, ImageFormat.Gif);
    g.Dispose();
    Pic.Dispose();

    Response.ClearContent();
    Response.ContentType="image/GIF";
    Response.BinaryWrite(mStream.ToArray());
    Response.End();

}
```

复杂画图程序代码如下：

```
private void CreateImage(string checkCode)
{
    //以下为稍复杂的画图模式
    if(checkCode==null || checkCode.Trim()==String.Empty)
        return;
    int iWordWidth=15;
    int iImageWidth=checkCode.Length * iWordWidth;
    Bitmap image=new Bitmap(iImageWidth, 20);
    Graphics g=Graphics.FromImage(image);
    try
    {
        //生成随机生成器
        Random random=new Random();
        //清空图片背景色
        g.Clear(Color.White);

        //画图片的背景噪音点
        for(int i=0; i<20; i++)
        {
            int x1=random.Next(image.Width);
            int x2=random.Next(image.Width);
            int y1=random.Next(image.Height);
            int y2=random.Next(image.Height);
            g.DrawLine(new Pen(Color.Silver), x1, y1, x2, y2);
        }

        //画图片的背景噪音线
        for(int i=0; i<2; i++)
        {
            int x1=0;
            int x2=image.Width;
            int y1=random.Next(image.Height);
            int y2=random.Next(image.Height);
            if(i==0)
            {
                g.DrawLine(new Pen(Color.Gray, 2), x1, y1, x2, y2);
            }

        }
        for(int i=0; i<checkCode.Length; i++)
        {
            string Code=checkCode[i].ToString();
```

```
int xLeft=iWordWidth * (i);
random=new Random(xLeft);
int iSeed=DateTime.Now.Millisecond;
int iValue=random.Next(iSeed) %4;
if(iValue==0)
{
    Font font=new Font("Arial", 13, (FontStyle.Bold | System.
    Drawing.FontStyle.Italic));
    Rectangle rc=new Rectangle(xLeft, 0, iWordWidth, image.
    Height);
        //LinearGradientBrush brush= new LinearGradientBrush (rc,
            Color.Blue, Color.Red, 1.5f, true);
    Brush brush=new SolidBrush(Color.Red);
    g.DrawString(Code, font, brush, xLeft, 2);
}
else if(iValue==1)
{
    Font font=new System.Drawing.Font("楷体", 13, (FontStyle.
    Bold));
    Rectangle rc=new Rectangle(xLeft, 0, iWordWidth, image.
    Height);
    Brush brush=new System.Drawing.SolidBrush(Color.Red);
        //LinearGradientBrush brush= new LinearGradientBrush (rc,
            Color.Blue, Color.DarkRed, 1.3f, true);
    g.DrawString(Code, font, brush, xLeft, 2);
}
else if(iValue==2)
{
    Font font=new System.Drawing.Font("宋体", 13, (System.
    Drawing.FontStyle.Bold));
    Rectangle rc=new Rectangle(xLeft, 0, iWordWidth, image.
    Height);
        //LinearGradientBrush brush= new LinearGradientBrush (rc,
            Color.Green, Color.Blue, 1.2f, true);
    Brush brush=new System.Drawing.SolidBrush(Color.Red);
    g.DrawString(Code, font, brush, xLeft, 2);
}
else if(iValue==3)
{
    Font font=new System.Drawing.Font("黑体", 13, (System.
    Drawing.FontStyle.Bold | System.Drawing.FontStyle.Bold));
    Rectangle rc=new Rectangle(xLeft, 0, iWordWidth, image.
    Height);
```

```
            //LinearGradientBrush brush=new LinearGradientBrush(rc,
                Color.Blue, Color.Green, 1.8f, true);
            Brush brush=new System.Drawing.SolidBrush(Color.Red);
            g.DrawString(Code, font, brush, xLeft, 2);
        }
    }
    //画图片的前景噪音点
    for(int i=0; i<8; i++)
    {
        int x=random.Next(image.Width);
        int y=random.Next(image.Height);
        image.SetPixel(x, y, Color.FromArgb(random.Next()));
    }
    //画图片的边框线
    g.DrawRectangle(new Pen(Color.Silver), 0, 0, image.Width-1, image.
    Height-1);
    System.IO.MemoryStream ms=new System.IO.MemoryStream();
    image.Save(ms, System.Drawing.Imaging.ImageFormat.Gif);
    Response.ClearContent();

    Response.BinaryWrite(ms.ToArray());
}
finally
{
    g.Dispose();
    image.Dispose();
}

}
```

需要注意的是，用户需要采用哪种随机内容，就需要将上述对应的方法添加在一个 Randompng. aspx. cs 文件中，并在 Page_Load 中调用该方法，并生成该方法的 Session，譬如需要生成一个数字字母混合的随机码，那么 Page_Load 事件代码为：

```
protected void Page_Load(object sender, EventArgs e)
{
    Session["myRandom"]=CreateRandomCode(4);

}
```

这样，该 Randompng. aspx 即可作为一个 Image 控件的 ImageURl 属性，即可展现在页面一个随机图片，如图 9-9 所示。

登录按钮实现验证用户是否合法，需要查询数据库，事件代码如下：

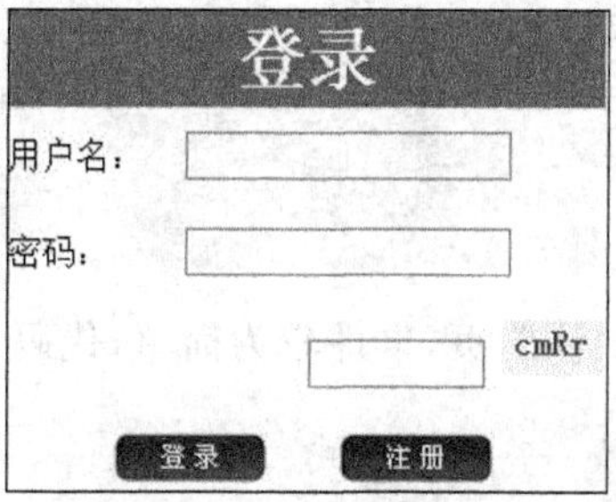

图 9-9　登录模块

```
protected void ImageButton1_Click(object sender, ImageClickEventArgs e)
{
    var results = from r in db.Users where r.IsShow==1 && r.LoginName==
    TextBox1.Text && r.LoginPwd==TextBox2.Text select r;
    if(results.Count()>0)
    {
        Users LoginUser=db.Users.Where(r=>r.LoginName==TextBox1.Text).
        First();
        Label1.Text="欢迎您：" +LoginUser.Name;
        Session["UserName"]=LoginUser.Name;
        Session["LoginUserId"]=LoginUser.Id;
        Panel1.Visible=false;
        Panel2.Visible=true;
        TextBox1.Text=""; //清空功能
        TextBox2.Text="";
    }
    else
        Response.Write("<script>alert('用户名或密码错误！')</script>");

}
```

注意：此处的两个 Panel 内容分别为登录模块和下节功能列表模块，这两个模块不能同时显示，所以需要设置 Panel 的 Visible 属性。当然 Panel 的 Visible 属性在母版的 Page_Load 中也需要设置初始化状态，代码如下：

```
if(!IsPostBack)
{
    if(Session["userName"]==null)
    {
        Panel1.Visible=true;
        Panel2.Visible=false;
    }
    else
    {
        Panel1.Visible=false;
```

```
        Panel2.Visible=true;
        Label1.Text=Session["userName "].ToString();
    }
}
```

注册按钮主要实现跳转到注册页,事件较为简单,代码如下:

```
Response.Redirect("Register.aspx");
```

9.3.3 用户功能列表模块

母版中用户功能模块是用户登录成功后看到的功能列表,可以根据项目实际需要定制其列表内容,此处定义的功能列表如图 9-10 所示。

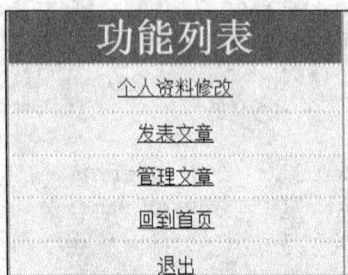

图 9-10 功能列表模块

"退出"按钮主要用于注销 Session,并且将登录模块和用户列表模块所在的 Panel 的 Visible 状态进行设置,事件代码如下:

```
Session["userName"]=null;
Panel1.Visible=true;
Panel2.Visible=false;
```

9.3.4 母版中设置主题切换

主题的基本知识我们已经在第 8 章中做了说明,在该项目的母版中增加一个下拉列表放于 Banner 区的右下角,下拉列表的选项为提前设置好的主题,如图 9-11 所示。

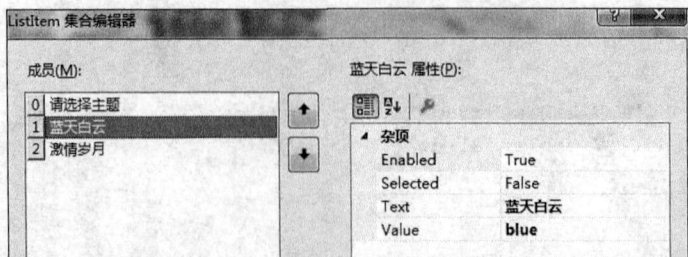

图 9-11 主题下拉列表选项

对下拉列表 DropDownList1 增加事假代码，主要功能是保存用户的选择，并且去母版调用页执行相关代码后并返回，所以此处要使用一个极为特殊的 Server.Transfer 跳转功能，具体代码如下：

```
protected void DropDownList1 _ SelectedIndexChanged ( object sender,
EventArgs e)
{
    Session["myTheme"]=DropDownList1.SelectedValue;
    Server.Transfer(Request.FilePath);
    //关键语句,去 Default 页面实现主题的设置
}
```

调用页的 Page_PreInit 事件中就需要用来设置主题的应用了，譬如首页 Default 的 Page_PreInit 事件代码如下：

```
protected void Page_PreInit(object sender, EventArgs e)
{
    /* 如果页面是第一次加载而非回传或刷新,这里的加载有可能是从其他的页面跳转过来
       的,所以要判断客户端中是否有 Session["myTheme"],如果有(则肯定是从其他页面
       跳转过来的)那么要根据 Session["myTheme"]决定页面的主题;如果没有(则肯定是
       直接请求的而非跳转过来的),那么页面的主题设为默认"blue"并存入 Session["
       myTheme"],以便供其他页面使用,以达到整个程序主题统一,不会因跳转而丢失刚才
       的设置。*/
    if(!IsPostBack)
    {
        if(Session["myTheme"]==null)
        {
            Page.Theme="blue";
            Session["myTheme"]="blue";
        }
        else
        {
            Page.Theme=Session["myTheme"].ToString();
        }
    }
}
```

9.4 首 页 文 件

首页文件(Default.aspx)功能设计较为简单，主要实现 Articles 数据表内容的展示，设计如图 9-12 所示。

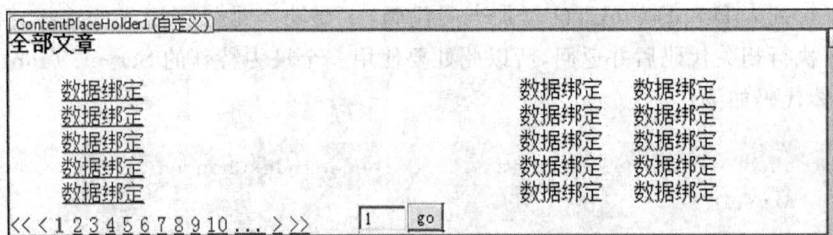

图 9-12 首页设计效果图

此处为数据显示控件采用了轻量级 Repeater 控件,该控件的实现 HTML 代码如图 9-13 所示。

```
<asp:Repeater ID="Repeater1" runat="server">
  <ItemTemplate>
    <ul>
      <li style="width: 60%; float: left;"><a href='Article Details.aspx?aid=<%#Eval("Id") %>'><%#Eval("Title") %></a></li>
      <li style="width: 20%; float: left;"><%#Eval("Users.Name") %></li>
      <li style="width: 20%; float: left;"><%#Eval("PubDate","{0:yyyy-MM-dd}") %></li>
    </ul>
  </ItemTemplate>
</asp:Repeater>
```

图 9-13 Repeater 控件 HTML 源代码截图

Repeater 控件不自带分页功能,数据量较多时,仍然需要结合第三方分页插件 AspNetPager 实现分页功能,具体实现代码如下:

```
TeacherBlogDB_LinqDataContext db=new TeacherBlogDB_LinqDataContext();
public void showArticles()
{
    var results=from r in db.Articles
                where r.IsShow==1
                select r;
    PagedDataSource pds=new PagedDataSource();
    pds.DataSource=results.ToList();
    pds.AllowPaging=true;
    pds.PageSize=AspNetPager1.PageSize;
    pds.CurrentPageIndex=AspNetPager1.CurrentPageIndex-1;
    AspNetPager1.RecordCount=results.Count();

    Repeater1.DataSource=pds;
    Repeater1.DataBind();
}
protected void Page_Load(object sender, EventArgs e)
{
    if(!IsPostBack)
        showArticles();
}
```

```
protected void AspNetPager1_PageChanged(object src, Webdiver.PageChanged_
EventArgs e)
{
    AspNetPager1.CurrentPageIndex=e.NewPageIndex;
    showArticles();
}
```

9.5　文章详情页

当用户点击首页中某篇文章的题目时，会跳转到文章详情页 Article_Details.aspx，
显示文章的具体内容以及评论内容，结果如图 9-14 所示。

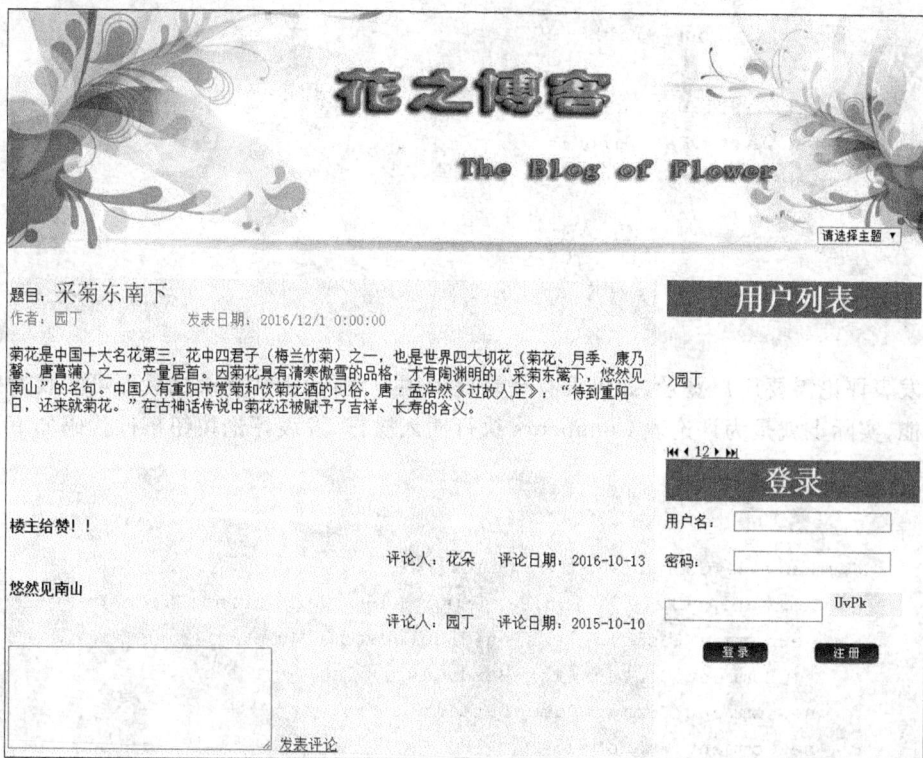

图 9-14　文章详情页运行结果

该页的实现主要通过 Label 控件显示文章的题目、作者、发表日期以及内容；通过
DataList 控件展示该文章的相关评论。

Label 控件显示文章相关内容的后台代码如下：

```
public void showArticleDetails()
{
    Articles Article1=db.Articles.Where(r=>r.IsShow==1 && r.Id==int.
    Parse(Request.QueryString["aid"])).First();
```

```
    Label2.Text=Article1.Title;
    Label3.Text=Article1.Users.Name;
    Label4.Text=Article1.PubDate.ToString();
    Label5.Text=Article1.Content;
}
```

DataList 控件显示该文章相关评论的后台代码为：

```
public void showComments()
{
    var results=from r in db.Comments where r.IsShow==1 && r.ArticleId==
    int.Parse(Request.QueryString["aid"])
             select r;
    if(results.Count()>0)
    {
        DataList1.DataSource=results;
        DataList1.DataBind();
        Label1.Text="";
    }
    else
        Label1.Text="无相关评论！";
}
```

发表评论需要用户登录，如果没有登录提示用户登录，正常登录之后即可实现发表评论功能，实际上就是为评论表 Comments 执行插入操作，发表评论按钮事件代码如下：

```
if(Session["UserName"] !=null
{
    Comments newComment=new Comments();
    newComment.ArticleId=int.Parse(Request.QueryString["aid"]);
        newComment.UserId=Session["LoginUserId"];
        newComment.Content=TextBox4.Text;
        newComment.CommentDate=DateTime.Now;
        newComment.IsShow=1;
        db.Comments.InsertOnSubmit(newComment);
        db.SubmitChanges();
        showComments();
            TextBox4.Text="";
    }
    else
    {
        Response.Write("<script>alert('请先登录！')</script>");
}
```

9.6　注　册　页　面

注册页面(Register.aspx)功能较为简单,实现插入表操作,设计界面如图 9-15 所示。

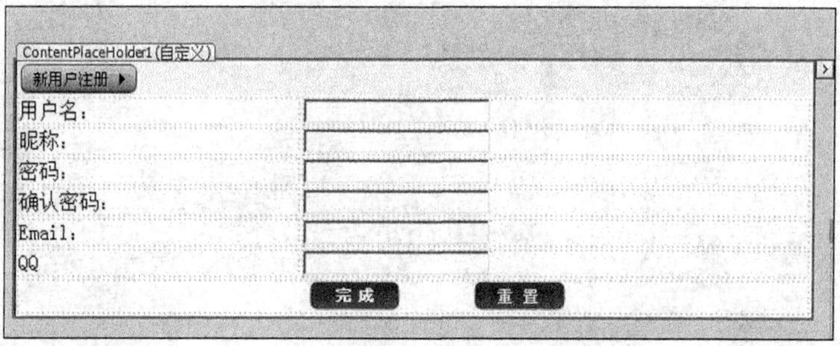

图 9-15　注册页实际效果图

"完成"按钮事件代码如下:

```
protected void ImageButton1_Click(object sender, ImageClickEventArgs e)
{
    Users newUser=new Users();

    //判断用户名是否存在
    var results1=from r in db.Users
                 where r.LoginName==TextBox1.Text
                 select r;
    if(results1.Count()>0)
    {
        Response.Write("<script>alert('用户名已存在! ')</script>");
        TextBox1.Text="";
    }
    else
    {
        newUser.LoginName=TextBox1.Text;

        //判断昵称是否存在
        var results2=from r in db.Users
                     where r.Name==TextBox2.Text
                     select r;
        if(results2.Count()>0)
        {
            Response.Write("<script>alert('昵称已存在! ')</script>");
            TextBox2.Text="";
        }
        else
        {
```

```
            newUser.Name=TextBox2.Text;

            newUser.LoginPwd=TextBox3.Text;
            newUser.Email=TextBox5.Text;
            newUser.QQ=TextBox6.Text;
            newUser.IsShow=1;

            db.Users.InsertOnSubmit(newUser);
            db.SubmitChanges();
            int id=newUser.Id;

            Session["UserName"]=TextBox1.Text;
            Session["LoginUserId"]=id;
            Response.Redirect("Default.aspx");
        }
    }
}
```

　　用户注册时可适当增加一些必要的验证规则,譬如密码与确认密码要求一致,有兴趣的读者可结合前面的验证章节进行添加。

9.7　发表文章页

　　发表文章页(PostArticle.aspx)实现登录用户发表新文章的功能,主要利用数据库的插入操作。在这里,我们引用了一个第三方插件——CkEditor富文本编辑器,有了这个文本编辑器,用户就可以实现文本多样化输入。具体运行结果如图9-16所示。

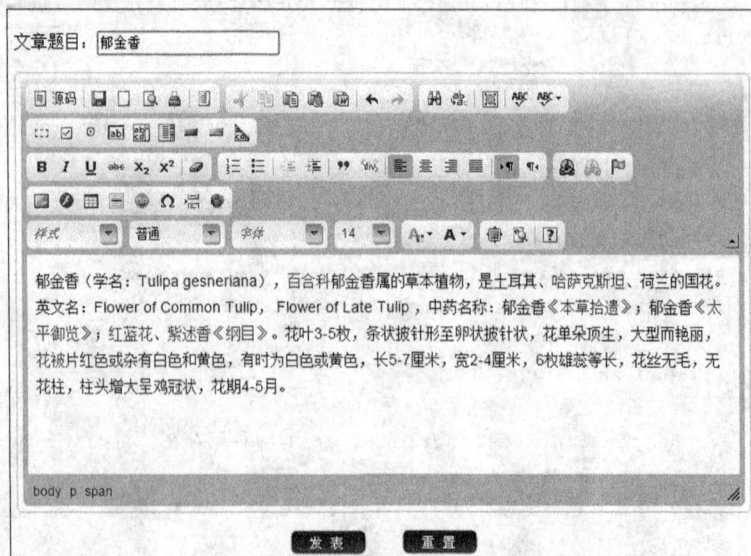

图 9-16　发表文章页效果图

"发表"按钮单击事件代码如下：

```
try {
    Articles newArticle=new Articles();
    newArticle.Title=TextBox4.Text;
    newArticle.UserId=int.Parse(Session["LoginUserId"].ToString());
    newArticle.PubDate=DateTime.Now;
    newArticle.Content=CKEditorControl1.Text;
    newArticle.IsShow=1;

    db.Articles.InsertOnSubmit(newArticle);
    db.SubmitChanges();
    CKEditorControl1.Text="";
    TextBox4.Text="";
    Response.Write("<script>alert('文章发表成功！')</script>");
}
catch
{
    Response.Write("<script>alert('发表文章失败！')</script>");
}
```

9.8 文章管理页

登录用户在文章管理页（ManageArticles.aspx）可以对自己的发表的文章进行管理，主要设计功能为编辑和删除，这里采用 GridView 控件实现数据管理功能，设计界面如图 9-17 所示。

		文章题目	是否显示			□全选
数据绑定	数据绑定	数据绑定	Label1	编辑	删除	□
数据绑定	数据绑定	数据绑定	Label1	编辑	删除	□
数据绑定	数据绑定	数据绑定	Label1	编辑	删除	□
数据绑定	数据绑定	数据绑定	Label1	编辑	删除	□
数据绑定	数据绑定	数据绑定	Label1	编辑	删除	□
数据绑定	数据绑定	数据绑定	Label1	编辑	删除	□
数据绑定	数据绑定	数据绑定	Label1	编辑	删除	□
数据绑定	数据绑定	数据绑定	Label1	编辑	删除	□
数据绑定	数据绑定	数据绑定	Label1	编辑	删除	□
数据绑定	数据绑定	数据绑定	Label1	编辑	删除	□
12						
[Labe12]						
批量隐藏	批量显示					

图 9-17 管理文章页效果图

这个页面设计看似功能不多，但是需要处理的细节代码相对不少，下面依次进行说明解释。

9.8.1　LINQ 技术实现数据源

GridView 控件用于显示相关数据，这里数据源使用 LINQ 语句实现，实现的方法代码如下：

```
TeacherDBDataContext db=new TeacherDBDataContext();
public void showMyArticles()
{
    var results=from r in db.Articles
        where r.UserId==int.Parse(Session["LoginUserId"].ToString())
        select r;
    if(results.Count()>0)
    {
        Label2.Text="";
        GridView1.DataSource=results;
        GridView1.DataBind();
    }
    else
    {
        Response.Write("<script>alert('你还没有发表过文章哟！')</script>");
        Label2.Text="无相关文章!";
        GridView1.Visible=false;
    }
}
protected void Page_Load(object sender, EventArgs e)
{
    if(!IsPostBack)
        showMyArticles();
}
```

9.8.2　GridView 控件设计

GridView 用于显示文章表相关字段内容，编辑列如图 9-18 所示。

（1）主键 Id 字段和是否显示 IsShow 字段主要作用是用于确定其他数据显示内容，在真正运行时不需要显示出来，所以对这两个字段我们设置 cssClass 为 hide，如图 9-19 所示，而 hide 的 css 属性代码如下：

```
<style>
    .hide{
        display:none;
    }
</style>
```

图 9-18　GridView 编辑列

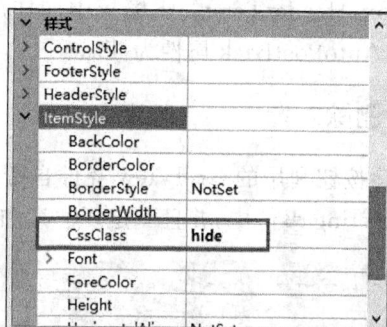

图 9-19　CssClass 设置图

（2）文章题目字段是 BoundField 类型，该字段的属性设置如图 9-20 所示。

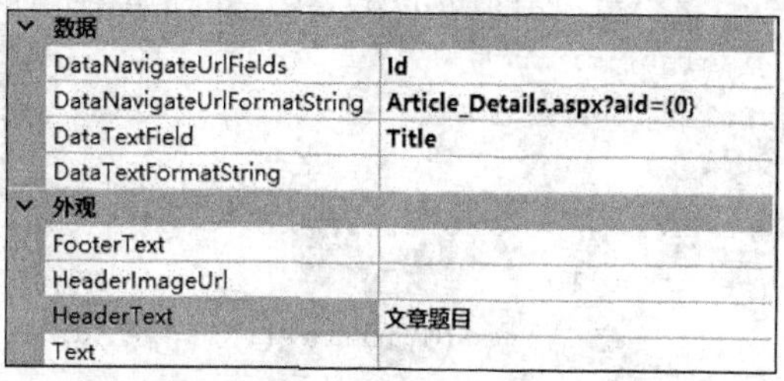

图 9-20　文章题目字段属性设置

（3）"是否显示"为 TemplateField 字段，在编辑模板中的 ItemTemplate 中只需要放置一个 Label 控件，通过代码实现汉字的"是"和"否"显示，有利于用户良好的体验，需要增加 GridView1_RowDataBound 的事件代码，代码如下：

```
protected void GridView1_RowDataBound(object sender, GridViewRowEventArgs e)
{
    if(e.Row.RowType==DataControlRowType.DataRow)
    { //将是否显示的 int 型转换为文字
        Label IsShowText=(Label)e.Row.FindControl("Label3");
        if(e.Row.Cells[1].Text=="1")
            IsShowText.Text="是";
        else
            IsShowText.Text="否";
    }
}
```

（4）第一个 TemplateField 字段中的 ItemTemplate 模板中放置一个 LinkButton 按钮，用于实现编辑功能。

（5）"删除"列即为 GridView 控件自带的 CommandField 中的删除功能字段。

（6）第一个 TemplateField 字段中的 ItemTemplate 模板中放置一个标准控件

CheckBox，HeaderTemplate 模板中同样放置一个 CheckBox 控件，并设置 Text 属性为"全选"，AutoPostBack 属性为 True。

9.8.3 删除功能

删除按钮利用的 GridView 控件自带的删除功能，所以需要将代码添加在 GridView1_RowDeleting 事件中，并且一定要注意和评论表的外键关系，代码如下：

```
protected void GridView1_RowDeleting(object sender, GridViewDeleteEventArgs e)
{
    //先删除有外键关系的子表 Comments 数据，再删除父表 Articles 数据
    var results1=from r in db.Comments
                 where r.ArticleId==
                       int.Parse(GridView1.Rows[e.RowIndex].Cells[0].Text)
                 select r;
    db.Comments.DeleteAllOnSubmit(results1);

    var results2=from r in db.Articles
                 where r.Id==
                       int.Parse(GridView1.Rows[e.RowIndex].Cells[0].Text)
                 select r;
    db.Articles.DeleteAllOnSubmit(results2);
    db.SubmitChanges();
    showMyArticles();
}
```

为了更好的用户体验，可以增加是否删除的提示功能，需要在 GridView1_RowDataBound 的事件中增加代码如下：

```
protected void GridView1_RowDataBound(object sender, GridViewRowEventArgs e)
{
    if(e.Row.RowType==DataControlRowType.DataRow)
    { //提示是否删除
        LinkButton del=(LinkButton)e.Row.Cells[5].Controls[0];
        del.OnClientClick="return confirm('确定删除该文章吗？')";
    }
}
```

9.8.4 全选功能

全选设计的主要目的是方便用户批量处理，在 GridView 控件的模板列中设置好 CheckBox 按钮之后，只需要实现 HeaderTemplate 的状态切换功能，让 ItemTemplate 中的 CheckBox 按钮状态保持一致即可，需要对 HeaderTemplate 中的全选按钮实现代码功能即可，主要实现的事件代码如下：

```
protected void CheckBox1_CheckedChanged(object sender, EventArgs e)
{
    CheckBox chkAll=(CheckBox)sender;
    foreach(GridViewRow r in GridView1.Rows)
    {
        CheckBox item=(CheckBox)r.FindControl("CheckBox2");
        item.Checked=chkAll.Checked;
    }
    //控制批量显示和隐藏功能按钮的 Visible 状态
    if(chkAll.Checked)
    {
        AllHide.Visible=true;
        AllShow.Visible=true;
    }
    else
    {
        AllHide.Visible=false;
        AllShow.Visible=false;

    }
}
```

为了更好的体现全选功能，我们增加两个 LinkButton，分别实现对文章是否显示的批量处理，批量隐藏的代码如下：

```
protected void AllHide_Click(object sender, EventArgs e)
{
    var results1=from r in db.Comments
                 where r.UserId==
                     int.Parse(Session["LoginUserId"].ToString())
                 select r;
    if(results1.Count()>0)
    {
        foreach(Comments c in results1)
        {
            c.IsShow=0;
        }
    }
    var results2=from r in db.Articles
                 where r.UserId==
                     int.Parse(Session["LoginUserId"].ToString())
                 select r;
    if(results2.Count()>0)
    {
```

```
        foreach(Articles a in results2)
        {
            a.IsShow=0;
        }
    }
    db.SubmitChanges();
    showMyArticles();
}
```

9.8.5　光棒效果

光棒没有实际的功能作用，只是为了提高用户的体验性，让用户可以直观感觉到鼠标的准确定位，主要通过代码改变 CSS 属性来实现，代码如下：

```
protected void GridView1_RowDataBound(object sender, GridViewRowEventArgs e)
{
    if(e.Row.RowType==DataControlRowType.DataRow)
    {   //增加光棒效果
        e.Row.Attributes.Add("onmouseover",
        "currentcolor=this.style.backgroundColor;this.style.
        backgroundColor='#e3cd60'");
        e.Row.Attributes.Add("onmouseout", "this.style.backgroundColor=
        currentcolor");
    }
}
```

9.8.6　编辑功能

编辑功能最为复杂，需要涉及两个页面，ManageArticles. aspx 页面中的"编辑"按钮主要实现单击跳转到 EditArticle. aspx 页面并传递该文章对应的主键 Id 值，在 EditArticle. aspx 页面中读取传递的参数，展示需要编辑的文章内容，继而用户就可以进行内容字段的编辑了。

1. ManageArticles. aspx 页面功能

GridView 编辑模板列的 LinkButton 按钮的功能较为简单，事件代码如下：

```
protected void LinkButton6_Click(object sender, EventArgs e)
{
    LinkButton lt=(LinkButton)sender;
    GridViewRow gvr=(GridViewRow)lt.Parent.Parent;

    Response.Redirect("EditArticle.aspx?aid=" +gvr.Cells[0].Text);

}
```

2. EditArticle. aspx 页面功能

该页面主要实现取参数，展现相关文章详情，用户在此基础上进行修改，修改完成之后即可提交修改结果。

文章详情页面设计效果图如图 9-21 所示。

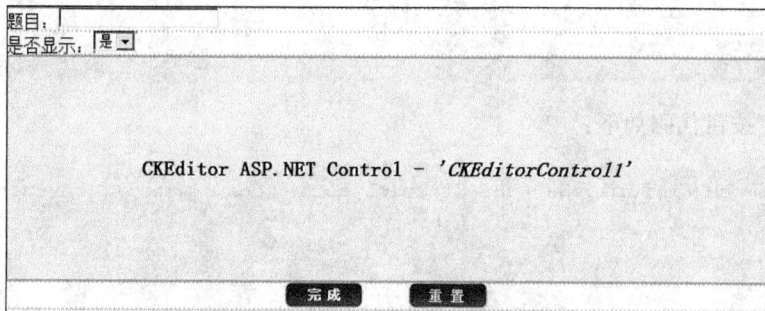

图 9-21 文章编辑页设计图

文章内容展示方法代码如下：

```
TeacherDBDataContext db=new TeacherDBDataContext();
public void showEditArticle()
{
    Articles editArticle=db.Articles.Where(r=>r.Id==int.Parse(Request.
    QueryString["aid"])).FirstOrDefault();
    TextBox4.Text=editArticle.Title;
    if(editArticle.IsShow==1)

        DropDownList2.SelectedIndex=0;
    else
        DropDownList2.SelectedIndex=1;
    CKEditorControl1.Text=editArticle.Content;
}
protected void Page_Load(object sender, EventArgs e)
{
    if(!IsPostBack)
        showEditArticle();
}
```

"完成"按钮代码如下：

```
protected void ImageButton3_Click(object sender, ImageClickEventArgs e)
{
    Articles UpdateArticle=db.Articles.Where(r=>r.Id==int.Parse
    (Request.QueryString["aid"])).FirstOrDefault();
    UpdateArticle.Title=TextBox4.Text;
```

```
UpdateArticle.IsShow=int.Parse(DropDownList2.SelectedValue);
UpdateArticle.Content=CKEditorControl1.Text;
UpdateArticle.PubDate=DateTime.Now;
db.SubmitChanges();
Response.Redirect("ManageArticles.aspx");
}
```

"重置"按钮代码如下：

```
protected void ImageButton4_Click(object sender, ImageClickEventArgs e)
{
    showEditArticle();
}
```

9.9　个人资料修改页

一般网站都会设置有个人资料修改页（ModifyInforms. aspx），尤其是修改密码功能，方便用户对个人信息的把握，该项目中为了加强对代码功能的理解，实现了多处信息修改的功能，如图 9-22 所示。

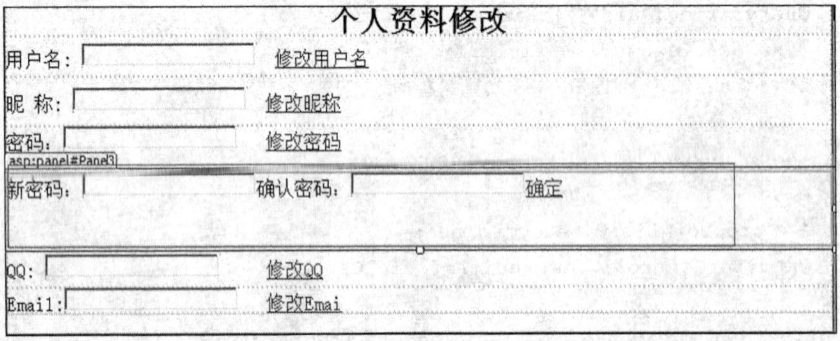

图 9-22　个人资料修改设计图

注意：新密码和确认密码部分放置在一个 Panel 中，Visible 初始设置为 False，以后可通过代码实现整体出现和隐藏。

根据登录用户的 Session，我们很容易定位该用户的详细信息，将用户原始信息呈现在该页的各个 TextBox 控件中，实现的代码如下：

```
TeacherDBDataContext db=new TeacherDBDataContext();
public void showIUsernforms()
{
    Users loginUser=db.Users.Where(r=>r.Id==
    int.Parse(Session["LoginUserId"].ToString())).FirstOrDefault();
```

```
    LoginName.Text=loginUser.LoginName;

    Name.Text=loginUser.Name;

    QQ.Text=loginUser.QQ;

    Email.Text=loginUser.Email;

}
protected void Page_Load(object sender, EventArgs e)

{

    if(!IsPostBack)

        showIUsernforms();

}
```

在所有原始数据的基础上，我们可以实现各个修改功能了，下面分别介绍每个修改功能的实现。

1. 修改用户名

```
protected void modifyLoginName_Click(object sender, EventArgs e)

{

    var results=from r in db.Users

                where r.LoginName==LoginName.Text

                select r;

    if(results.Count()>0)

    {

        Response.Write("<script>alert('用户已存在!')</script>");

        showIUsernforms();

    }

    else

    {

        Users ModifyUser=db.Users.Where(r=>r.Id==int.Parse(Session

        ["LoginUserId"].ToString())).FirstOrDefault();

        ModifyUser.LoginName=LoginName.Text;

        db.SubmitChanges();

        Response.Write("<script>alert('用户名修改成功! ')</script>");

        showIUsernforms();

    }

}
```

2. 修改昵称

```
protected void modifyName_Click(object sender, EventArgs e)

{

    var results=from r in db.Users

                where r.Name==Name.Text

                select r;
```

```
if(results.Count()>0)
{
    Response.Write("<script>alert('昵称已存在!')</script>");
    showIUsernforms();
}
else
{
    Users ModifyUser=db.Users.Where(r=>r.Id==
    int.Parse(Session["LoginUserId"].ToString())).FirstOrDefault();
    ModifyUser.Name=Name.Text;
    db.SubmitChanges();
    Response.Write("<script>alert('昵称修改成功! ')</script>");
    showIUsernforms();
}
}
```

3. 修改密码

由两个功能按钮实现,一部分是验证原始密码的功能 modifyPwd_Click,另一部分是确定修改密码功能 SubmitPwd_Click。具体代码如下:

```
protected void modifyPwd_Click(object sender, EventArgs e)
{
    Users ModifyUser=db.Users.Where(r=>r.Id==int.Parse(Session
    ["LoginUserId"].ToString())).FirstOrDefault();
    if(oldPwd.Text !=ModifyUser.LoginPwd)
    {
        Response.Write("<script>alert('原始密码不正确')</script>");
    }
    else
    {
        Panel3.Visible=true;
    }
}
protected void SubmitPwd_Click(object sender, EventArgs e)
{
    Users ModifyUser=db.Users.Where(r=>r.Id==int.Parse(Session
    ["LoginUserId"].ToString())).FirstOrDefault();
    if(newPwd.Text==OkPwd.Text)
    {
        ModifyUser.LoginPwd=newPwd.Text;
        db.SubmitChanges();
        Response.Write("<script>alert('密码修改成功! ')</script>");
        showIUsernforms();
```

```
        Panel3.Visible=false;
    }
    else
    {
        Response.Write("<script>alert('密码不一致! ')</script>");
    }
}
```

4. 修改 QQ

```
protected void modifyQQ_Click(object sender, EventArgs e)
{

    Users ModifyUser=db.Users.Where(r=>r.Id==
    int.Parse(Session["LoginUserId"].ToString())).FirstOrDefault();
    ModifyUser.QQ=QQ.Text;
    db.SubmitChanges();
    Response.Write("<script>alert('QQ 修改成功! ')</script>");
    showIUsernforms();

}
```

5. 修改 E-mail

```
protected void modifyEmail_Click(object sender, EventArgs e)
{
    Users ModifyUser=db.Users.Where(r=>r.Id==
    int.Parse(Session["LoginUserId"].ToString())).FirstOrDefault();
    ModifyUser.Email=Email.Text;
    db.SubmitChanges();
    Response.Write("<script>alert('Email 修改成功! ')</script>");
    showIUsernforms();
}
```

9.10　本 章 小 结

　　至此，一个简单的文章博客项目主要功能就介绍完了，万变不离其宗，灵活掌握好对数据库的添加、删除、查询、修改四种基本操作是开发复杂项目的基础，项目功能的丰富程度是可以继续扩展，譬如增加文章搜索功能模块，或者后台管理员功能模块，实现对注册用户以及所有文章的管理等。有兴趣的读者可以继续将本章节的项目进行更多功能性开发。

第 10 章

项 目 架 构

架构,又名软件架构,是有关软件整体结构与组件的抽象描述,用于指导大型软件系统各个方面的设计。多数工程师(尤其是经验不多的工程师)会从直觉上来认识它,但要给出精确的定义很困难。特别是,很难明确地区分设计和构架:构架属于设计的一方面,它集中于某些具体的特征。

第 9 章中开发的项目由于规模小,功能简单,没有考虑架构的问题,如果中大型项目不考虑架构,那就会在开发项目中,团队无法很好的协同工作,提高开发效率,越来越多的公司团体认识到架构工作的重要性。

下面主要介绍 ASP. NET 项目开发中采用较多的两种架构——三层架构和 MVC架构。

10.1 三 层 架 构

层次结构在现实社会里随处可见。社会人群会分层,公司人员结构也会分层,楼房是分层的,甚至做包子的笼屉都是分层的。虽然分层的目的各有不同,但都是为解决某一问题而产生的。所以,分层架构其实是为了解决某一问题而产生的 种解决方案。

在软件体系架构设计中,分层式结构是最常见,也是最重要的一种结构,区分层次的目的为了"高内聚低耦合"的思想。通常意义上的三层架构就是将整个业务应用划分为:表现层(Web)、业务逻辑层(BLL)和数据访问层(DAL),如图 10-1 所示。

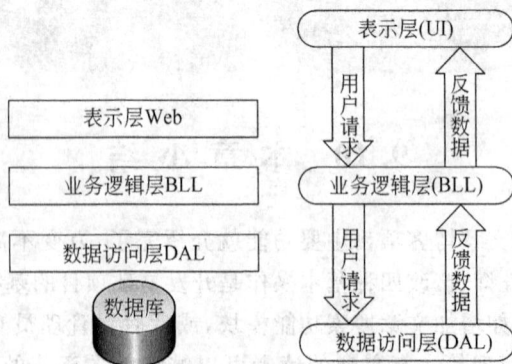

图 10-1　三层架构示意图 1

Web(表现层)：主要是指与用户交互的界面。提供给用户一个视觉上的界面，通过界面层，用户输入数据、获取数据。界面层同时也提供一定的安全性，确保用户不用看到不必要的机密信息。

BLL(业务逻辑层)：Web 层和 DAL 层之间的桥梁，它响应界面层的用户请求，执行任务并从数据层抓取数据，并将必要的数据传送给界面层。业务逻辑具体包含验证、计算、业务规则等等。

DAL(数据访问层)：与数据库打交道。主要实现对数据的添加、删除、修改、查询。将存储在数据库中的数据提交给业务层，同时将业务层处理的数据保存到数据库。

10.1.1　三层架构的理解

三层架构中的每一层都各负其责，那么该如何将三层联系起来呢？

这时候实体层(Model)来了。Model 不属于三层中的任何一层，但是它是必不可少的一层。日常开发的很多情况下为了复用一些共同的东西，会把一些各层都用的东西抽象出来，称为 Model。对于初学者来说，可以这样理解：每张数据表对应一个实体，即每个数据表中的字段对应实体中的属性。

一些共性的通用辅助类和工具方法，如数据校验、缓存处理、加解密处理等，为了让各个层之间复用，也单独分离出来，作为独立的模块使用，例如称为 Common。

此时，三层架构会演变为如图 10-2 所示的情况。

图 10-2　三层架构示意图 2

数据层底层使用通用数据库操作类来访问数据库，最后完整的三层架构如图 10-3 所示。数据库访问类是对 ADO.NET 的封装，封装了一些常用的重复的数据库操作。如微软公司的企业库 SQLHelper.cs，动软的 DBUtility/DbHelperSQL 等，为 DAL 提供访问数据库的辅助工具类。

下面通过两个生活实例来认识一下三层架构的优点。

实例 10-1　餐饮服务。

在餐饮服务行业中，一般会出现服务员、采购员和厨师几种角色，他们各司其职，对应三层架构中不同层次功能，如图 10-4 所示。

服务员只管接待客人；厨师只管做客人点的菜；采购员只管按客人点菜的要求采购食材。服务员不用了解厨师如何做菜，不用了解采购员如何采购食材；厨师不用知道服务员接待了哪位客人，不用知道采购员如何采购食材；同样，采购员不用知道服务员接待了哪

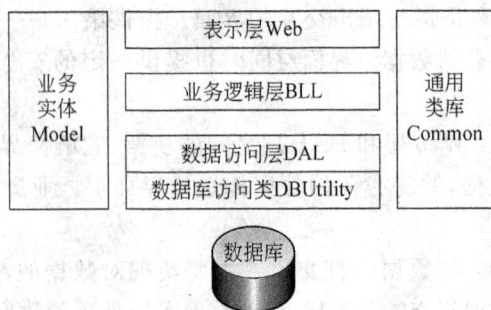

图 10-3　三层架构完整示意图 3

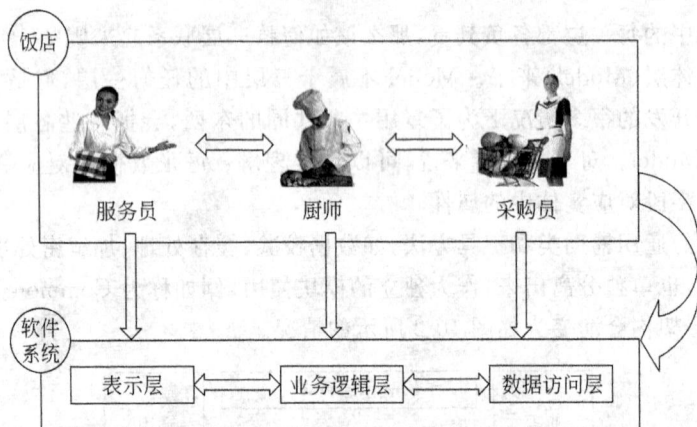

图 10-4　饭店三层架构示意图

位客人，不用知道厨师如何做菜。

比如厨师会做炒茄子、炒鸡蛋和炒面。此时构建三个方法 cookEggplant()、cookEgg() 和 cookNoodle()对应厨师技能。顾客直接和服务员打交道，顾客和服务员(Web 层)说：我要一个炒茄子，而服务员不负责炒茄子，她就把请求往上递交，传递给厨师(BLL 层)，厨师需要茄子，就把请求往上递交，传递给采购员(DAL 层)，采购员从仓库里取来茄子传回给厨师，厨师响应 cookEggplant()方法，做好炒茄子后，又传回给服务员，服务员把茄子呈现给顾客。这样就完成了一个完整的操作。

在此过程中，茄子作为参数在三层中传递，如果顾客点炒鸡蛋，则鸡蛋作为参数(这是变量做参数)。如果用户增加需求，还得在方法中添加参数，一个方法添加一个，一个方法设计到三层；何况实际中并不止设计到一个方法的更改。所以，为了解决这个问题，可以把茄子、鸡蛋、面条作为属性定义到顾客实体中，一旦顾客增加了炒鸡蛋需求，直接把鸡蛋属性拿出来用即可，不用再去考虑去每层的方法中添加参数了，更不用考虑参数的匹配问题。这样讲，不知道大家是不是可以明白？

实例 10-2　牛肉加工厂。

为了更好地理解三层架构，就拿牛肉加工厂来做个例子吧。

图 10-5 是三层架构化的养牛产业流水线趣味对此图。

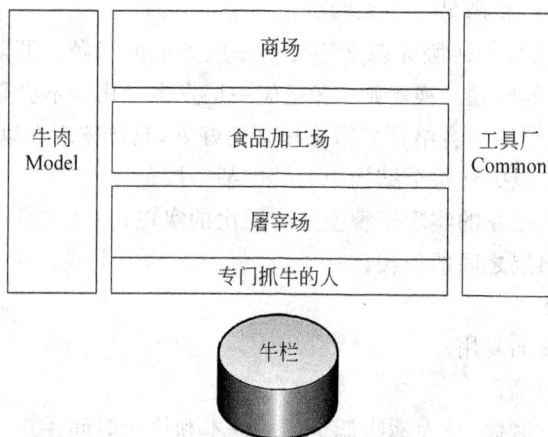

图 10-5　三层结构与加工牛肉

- 数据库好比牛栏。所有的牛有序地按区域或编号，存放在不同的牛栏里。
- DAL 好比是屠宰场。把牛从牛栏取出来进行（处理）屠杀，按要求取出相应的部位（字段），或者进行归类整理（统计），形成整箱的牛肉（数据集），传送给食品加工厂（BLL）。本来这里都是同一伙人既管抓牛，又管杀牛的，后来觉得效率太低了，就让一部分人出来专管抓牛了（DBUtility），根据要求来抓取指定的牛。
- BLL 好比食品加工厂。将牛肉深加工成各种可以食用的食品（业务处理）。
- Web 好比商场。将食品包装成漂亮的可以销售的产品，展现给顾客（UI 表现层）。
- 牛肉好比 Model。无论是哪个厂（层），各个环节传递的本质都是牛肉，牛肉贯穿整个过程。
- 通用类库 Common 相当于工人使用的各种工具，为各个厂（层）提供诸如杀牛刀、绳子、剪刀、包装箱、工具车等共用的常用工具（类）。其实，每个部门本来是可以自己制作自己的工具的，但是那样会使效率比较低，而且也不专业，并且很多工作都会是重复的。因此，就专门有人开了这样的工厂来制作这些工具，提供给各个工厂，有了这样的分工，工厂就可以专心做自己的事情了。

　　当然，这里只是形象的比喻，目的是为了让大家更好地理解，实际的情况在细节上会有所不同。这个例子也只是说明了从牛栏到商场的单向过程，而实际三层开发中的数据交互是双向的，可取可存。不过，据说有一种机器，把牛从这头赶进去，另一头就噗噗噜噜地出火腿肠了。如果火腿肠卖不了了，从那头再放进去，牛又原原本本出来了，科幻的机器吧，没想到也可以和三层结构联系上。以上只是笑谈，不过也使三层架构的基本概念更容易理解了。

10.1.2　三层架构优缺点

　　使用三层架构的目的：解耦！

　　同样拿上面饭店的例子来讲：

　　(1) 服务员（UI 层）请假——另找服务员；厨师（BLL 层）辞职——招聘另一个厨师；

采购员（DAL）辞职——招聘另一个采购员；

（2）顾客反映：①你们店服务态度不好——服务员的问题。开除服务员；②你们店菜里有虫子——厨师的问题。换厨师；③任何一层发生变化都不会影响到另外一层！

项目开发采用三层架构会给开发带来很多的好处，具体体现在以下几点：

- 开发人员可以只关注整个结构中的其中某一层；
- 可以很容易的用新的实现来替换原有层次的实现；
- 可以降低层与层之间的依赖；
- 有利于标准化；
- 利于各层逻辑的复用；
- 结构更加的明确；
- 在后期维护的时候，极大地降低了维护成本和维护时间。

当然，任何事情都是存在两面性的，有利有弊，分层的弊端主要体现在以下几点：

- 降低了系统的性能。这是不言而喻的，如果不采用分层式结构，很多业务可以直接造访数据库，以此获取相应的数据，如今却必须通过中间层来完成。
- 有时会导致级联的修改。这种修改尤其体现在自上而下的方向。如果在表示层中需要增加一个功能，为保证其设计符合分层式结构，可能需要在相应的业务逻辑层和数据访问层中都增加相应的代码。
- 增加了开发成本。

做小项目的时候，分不分层确实看不出什么差别，并且显得更麻烦啰嗦了。但当项目变大和变复杂时，分层就显示出它的优势来了。所以分不分层要根据项目的实际情况而定，不能一概而论。

10.2　MVC 架构

MVC 是 Model View Controller 的首字母缩写，即为模型（Model）、视图（View）、控制器（Controller），是一种软件设计典范，用一种业务逻辑、数据、界面显示分离的方法组织代码，将业务逻辑聚集到一个部件里面，在改进和个性化定制界面及用户交互的同时，不需要重新编写业务逻辑。

10.2.1　MVC 架构的理解

ASP.NET MVC 是微软公司官方提供的开源 MVC 框架，是一种使用 MVC 设计创建 Web 应用程序的模式，如图 10-5 所示。

MVC 用于传统的输入、处理和输出功能映射在一个逻辑的图形化用户界面的结构中。

- 模型（Model）表示应用程序核心（比如数据库记录列表）。
- 视图（View）显示数据（数据库记录）。

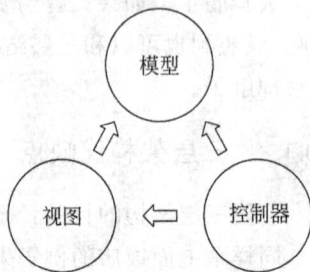

图 10-5　MVC 结构示意图

• 控制器(Controller)处理输入(写入数据库记录)。

MVC 模式同时提供了对 HTML、CSS 和 JavaScript 的完全控制。MVC 分层有助于管理复杂的应用程序,因为可以在一个时间内专门关注一个方面。例如,可以在不依赖业务逻辑的情况下专注于视图设计。同时也让应用程序的测试更加容易。MVC 分层同时也简化了分组开发。不同的开发人员可同时开发视图、控制器逻辑和业务逻辑。

10.2.2　MVC 优势

(1) 耦合性低,有助于管理复杂的应用程序,可以在一个时间内专门关注一个方面。例如,可以在不依赖业务逻辑的情况下专注于视图设计,同时也让应用程序的测试更加容易。

(2) 重用性高。MVC 分层同时也简化了分组开发。不同的开发人员可同时开发视图、控制器逻辑和业务逻辑。

(3) MVC 编程模式是对传统 ASP. NET(Web Forms)的一种轻量级的替代方案。它是轻量级的、可测试性高的框架,同时整合了所有已有的 ASP. NET 特性,比如母版页、安全性和认证。

(4) 生命周期成本低:MVC 使开发和维护用户接口的技术含量降低。

(5) 部署快:使用 MVC 模式使开发时间得到相当大的缩减,它使程序员(Java 开发人员)集中精力于业务逻辑,界面程序员(HTML 和 JSP 开发人员)集中精力于表现形式上。

(6) 可维护性高:分离视图层和业务逻辑层也使得 Web 应用更易于维护和修改。

10.3　三层架构与 MVC

三层架构中,DAL、BLL、Web 层各司其职,意在职责分离。三层是为了解决整个应用程序中各个业务操作过程中不同阶段的代码封装的问题,是从整个应用程序架构的角度来分的三层,为了使程序员更加专注的处理某阶段的业务逻辑。

MVC 是在应用程序(BS 结构)的视图层划分出来的不同功能的几个模块。MVC 是 Model-View-Controller,严格说这三个加起来以后才是三层架构中的 Web 层,也就是说,MVC 把三层架构中的 Web 层再度进行了分化,分成了控制器、视图、实体三个部分,控制器完成页面逻辑,通过实体来与界面层完成通话;而 C 层直接与三层中的 BLL 进行对话。MVC 主要是为了解决应用程序用户界面的样式替换问题,把展示数据的 HTML 页面尽可能地与业务代码分离。MVC 把纯净的界面展示逻辑(用户界面)独立到一些文件中(Views),把一些和用户交互的程序逻辑(Controller)单独放在一些文件中,在 Views 和 Controller 中传递数据使用一些专门封装数据的实体对象,这些对象,统称为 Model。

所以说 MVC 和三层毫无关系,是因为它们二者使用范围不同:三层可以应用于任何语言、任何技术的应用程序;而 MVC 只是为了解决 BS 应用程序视图层各部分的耦合关系。它们互不冲突,可以同时存在,也可根据情况使用其中一种。

10.4 本章小结

现在越来越多的公司团体认识到架构工作的重要性，并且在不同的组织层次上设置专门的架构师位置，由他们负责不同层次上的逻辑架构、物理架构、系统架构的设计、配置、维护等工作。那在团队里，什么样的人才适合设计架构呢？

团队中有一些技术水平较高、经验较为丰富的人，他们需要承担软件系统的架构设计，也就是需要设计系统的元件如何划分、元件之间如何发生相互作用，以及系统中逻辑的、物理的、系统的重要决定的做出。这样的人就是所谓的架构师（Architect）。在很多公司中，架构师不是一个专门的和正式的职务。通常在一个开发小组中，最有经验的程序员会负责一些架构方面的工作。在一个部门中，最有经验的项目经理会负责一些架构方面的工作。

总之，架构在项目开发中是否需要，以及采用什么样的架构都是一门值得研究的学问。

参 考 文 献

[1] 郭兴峰,张露等. ASP. NET 3.5 动态网站开发基础教程. 北京:清华大学出版社,2010.

[2] 李春葆,曾慧. SQL Server 2000 应用系统开发教程. 北京:清华大学出版社,2005.

[3] 刘亮亮. 从零开始学 C#. 北京:电子工业出版社,2011.

[4] 黎卫东. ASP. NET 网站开发入门与实践. 北京:人民邮电出版社,2006.

[5] 李勇平,陈峰波. ASP. NET(C#)基础教程. 北京:清华大学出版社,2006.

[6] 刘先省等. Visual C# 程序设计教程. 北京:机械工业出版社,2006.

[7] 马伟. ASP. NET 4 权威指南. 北京:机械工业出版社,2011.

[8] (美)艾维耶. ASP. NET 4 高级编程(第 7 版). 北京:清华大学出版社,2010.

[9] (美)赫尔德尔著. AJAX 权威指南. 北京:机械工业出版社,2009.

[10] (美)拉芙著. ASP. NET 3.5 网站开发全程解析. 北京:清华大学出版社,2010.

[11] (美)谢菲尔德著. ASP. NET 4 从入门到精通. 北京:清华大学出版,2011.

[12] 沈士根,汪承焱. Web 程序设计. 北京:清华大学出版社,2009.

[13] 赵晓东,张正礼等. ASP. NET 3.5 从入门到精通. 北京:清华大学出版社,2009.